T O

k

献给我的双亲

TokYo
东京味道
110道日式料理的家常美味

（日）室田万央里 著　彭小芬 译

华中科技大学出版社
http://www.hustp.com

有书至美
BOOK & BEAUTY

作者序

　　来到法国之后，我注意到日本料理在此地并不怎么为人所知。人们经常将它跟其他亚洲菜搞混，对它的印象也非常有限。有些人问我："所以，您在家天天吃寿司？"不，并没有那么常吃。寿司比较像是寿司大师在餐厅里主持的一场盛宴。"我不喜欢豆腐，平淡乏味。"豆腐有许多种烹调方式，而选择适合每道菜的豆腐也是非常重要的。"味噌汤没什么味道，只有咸。"喝到用真正的柴鱼昆布高汤煮的味噌汤，您一定会马上改变观念！因此，我开始教烹饪课，不仅介绍寿司和串烧，更纳入日本人日常食用的各种料理。很高兴听到别人有这样的回应："日本料理很容易嘛！有许多口味是我没有尝过的，以为做法会很繁复，其实不难学。"是啊，真的很容易，只要懂一些基本技巧，能够认识真正的好食材。或许不是每个人都能成为寿司大师，但是家常的日本料理学起来并不难。

　　我出生于东京，父母都热爱美食。家父是地道的东京人，颇以他的出身自豪，他带着我造访过他所热爱的每一间餐馆，从奢华的寿司餐厅到陈设简陋但口味好到不可思议的串烧小摊，当然也没有错过浅草区的传统荞麦面店。家母也讲究烹饪，天天帮我准备上学带的便当。我的便当可以说是全班最好吃的，大家都想尝一口。在家里，我们会一起做菜，每一餐都要经过慎重讨论。因此在这本书里，我想向各位介绍我从小就熟悉的地道东京料理，包含家常菜和餐厅美食。书中的食谱来自我的记忆，以及我为这本书特地做的旅行，我探访了喜爱的地区，回到故乡寻根。希望这本书能够帮助您发现东京与日本真正的美好滋味，若能带给您日常烹饪的灵感，或者与人共同分享的喜悦，那将是我的荣幸。

Maori

室田　万央里

(左页) 家母的食谱笔记，
从我出生开始记起。

东京味道

目录

早餐

　　在此介绍的日式传统早餐，内容包括米饭、味噌汤、腌渍小菜、鱼和蛋。这一餐可以说是日本料理的根本，因为它包含了日式餐饮中不可或缺的食材，例如米饭与柴鱼昆布高汤。在日常生活中，日本人未必有时间准备这种传统早餐，往往以咖啡、吐司、松饼之类的西方食物取代，但是传统的口味还是深受喜爱。

准备米饭

米和水的比例

份量：4人份

300克（360毫升）或者2杯日本米（每人75克）

430毫升的水（相当于米的1.2倍）

杯是日本的度量单位，1杯米相当于150克，也就是180毫升。每人1碗饭，需要75克，也就是90毫升的米，所以煮1杯的米，刚好够2个人吃。为了计算方便，建议您去找个容量跟杯相当的容器。煮1杯米需要1.5杯的水，煮出来的饭，重量相当于生米的2.5倍。75克的米会变成190克的饭。

米饭的作法

准备：35分钟   **烹煮**：18分钟

1. 淘洗

将米倒进1个大碗里，倒水进去用手稍微搅拌后，很快把水倒掉（用滤网会必较容易把米留住）。接下来就要淘米了。日本人所谓的淘米，意思是洗去米粒上多余的淀粉。手做出类似抓棒球的动作，伸入米粒中画圆圈，画个20圈左右。将水倒入碗里，水会变白变混浊。立刻把水倒掉，重复淘米的动作。倒水进去，再把水倒掉。这个过程要进行3—4次，直到碗里的水清澈不变白为止。

2. 沥水

将米倒在滤网上，放置30分钟，让米沥水。

3. 浸泡

用1个比较厚而且有锅盖的锅子或炖锅煮饭，煮出来的饭才不容易烧焦。把米倒进锅里，加入适量的水。泡水可让米粒在煮之前先吸收水分。

4. 烹煮

盖上锅盖，用中火煮到水开（大约5分钟）；转最小火，再煮12—13分钟（转小火之后要避免掀开锅盖）。熄火，继续闷10分钟。最后一个步骤可以让饭粒饱满膨胀。掀开锅盖，用锅铲稍微拌一下锅底的饭，动作轻一点，免得压扁饭粒。如果饭太黏，先将锅铲蘸水再拌。

建议

如果想要买电饭锅，在预算许可的情况下，尽量选日本制的电饭锅，因为中国制造的电饭锅适合中国的米，淀粉和水的含量都比日本米少。如果您的时间不够，可以省略沥水和浸泡的步骤（煮出来的饭没那么好吃，时间紧迫也是无可奈何），但是淘洗的步骤千万不能省，这样才能去除多余的淀粉和不好的味道。

日本人的主食是米饭。日本米的颗粒比较短，而且富含淀粉。米饭不只是主菜的陪衬，它的重要性跟其他的日本料理不相上下。日本境内栽种的稻米品种超过300种。消费者会慎重挑选品牌，花费相当于几百欧元的价格买电饭锅，就为了煮出最好吃的饭。日本人对于把好米煮成完美的饭是很执着的。

菜式不同，所需准备的米饭份量也要跟着调整

一般的菜搭配1小碗饭：150克

丼饭（将配料直接铺在米饭上）需要1大碗饭：280克

1贯寿司：18克

大饭团：100克

小饭团：60克

举个例子，准备4人份的丼饭，需要3杯米，份量相当于450克或540毫升，煮出来的饭大约为1.125公斤。

01

02

03

柴鱼昆布高汤

　　柴鱼昆布高汤是日本料理的基本食材。味噌汤就是用它和味噌调配出来的。这种高汤最常见的成分包括水、柴鱼片（刨成薄片状的鲣鱼干）和昆布（干海带）。遗憾的是，如今许多日本人已经不亲自熬煮高汤了，仅以粉状或液状的速溶汤包取代，跟法国人用的高汤块差不多。不过，速溶高汤往往含有味精的成分，一道好菜因而失色，我觉得相当可惜。建议您至少亲自熬煮一次高汤，虽然得多花点钱和时间，但它的好滋味是速溶高汤完全比不上的，真的很值得！熟练之后，煮这种高汤就变得非常简单，您可以在熬汤的同时准备其他的菜。

建议

您可以将高汤装在保鲜袋或制冰盒里冷冻保存，每次只取用所需的份量。柴鱼片开封后要妥善密封，不然很容易受潮，味道就会变差。如果您要买速溶高汤，尽可能挑选不含味精的。使用时根据包装上的指示加水稀释。

材料与份量

1升的水
10克的昆布
10克的柴鱼片

柴鱼片和昆布的比例很好记：柴鱼片是水量的1%。例如800毫升的高汤，需要8克的柴鱼片和8克的昆布。

作法

准备： 40分钟　　**熬煮：** 17分钟

1.浸泡

倒水入锅，将昆布切成两半放进锅内浸泡至少30分钟。这步骤可以提前1晚或几个钟头进行，将锅子放置在凉爽的地方。

2.熬汤

以小火加热，经过大约15分钟，水开始冒泡泡时，就把昆布捞出来，千万不要等到水滚沸，否则昆布的味道会太重。昆布取出后，将柴鱼片一口气倒进锅里，以中火继续煮，等汤滚沸就马上熄火。让柴鱼片在热汤里继续浸泡10分钟。

3.过滤

将高汤透过滤网倒进碗里，轻压柴鱼片，把汤汁全沥出来。

不同种类的味噌

味噌是日本料理中最基本的食材之一，它的主要成分是熟黄豆，往往还会加上米或麦（视地区而异）来促进发酵。味噌富含维他命B和蛋白质，具有防癌的功效。做味噌汤要用到味噌，它是日本人餐桌上不可或缺的角色，我们也把它当作调味料，用它来腌鱼、腌肉、调配酱汁，甚至制作甜点。味噌的颜色会随着成分和发酵程度的不同而改变，可以大致区分为3种：赤味噌、黄味噌和白味噌。您可以把好几种不同的味噌混在一起，调配出您最喜欢的口味，但我奉劝您这么做之前，先尝尝每一种味噌的味道。

黄味噌

这种味噌的制作原料是大麦和黄豆（在日本南部则是米和黄豆）。煮汤的话，它的味道适中，跟各种食材都能搭配，尤其是蔬菜、豆腐和海带。它是日常饮食中最常用的一种味噌，在日本说到味噌，通常指的就是这种黄味噌。

白味噌

这种味噌的发酵时间短，含的盐份也比较少，味道偏甜而且温和。要煮汤的话，它非常适合搭配根茎类蔬菜、冬季蔬菜或者猪肉。日本人的味噌汤通常不放肉，不过偶尔也会破例加入猪肉。由于白味噌的味道比较淡，不妨加一点香料，例如七味粉、姜或少许柑橘类的果皮，可以增添香味。

赤味噌

它的味道比黄味噌和白味噌更重，发酵的时间也最久。要煮汤的话，通常是搭配海鲜或者香味强烈的蔬菜，例如紫苏或者烤蔬菜。

黄味噌	白味噌	赤味噌

黄味噌＋豆腐＋海带芽
黄味噌＋南瓜＋洋葱
黄味噌＋油炸豆皮＋香菇（椎茸）

白味噌＋白萝卜
白味噌＋莲藕＋猪肉
白味噌＋大白菜＋姜

赤味噌＋虾＋细香葱
赤味噌＋烤韭葱（大葱）
赤味噌＋秋葵＋紫苏

＋黄味噌

份量：4人份

汤底
600毫升的柴鱼昆布高汤（见12页）
4汤匙的黄味噌

豆腐与海带芽
100克的嫩豆腐
4克的海带芽
将豆腐切成1厘米见方的小丁。海带芽在碗里泡水5分钟，沥干，切成2厘米长的小段。将高汤以大火煮开，然后转成中小火并加入豆腐，继续煮1分钟。加入海带芽，并将味噌溶入汤里。熄火后即可食用。

南瓜与洋葱
¼颗洋葱
100克的南瓜
洋葱切成0.5厘米的薄片。南瓜削皮去子，切成厚度0.5厘米、长宽约2厘米×3厘米的薄片。将高汤以大火煮开之后，加入洋葱和南瓜，转中火继续煮5分钟左右。将味噌溶入汤里，熄火后即可食用。

油炸豆皮与香菇
25克的油炸豆皮
2朵香菇
油炸豆皮先纵切两半，再横切成1厘米宽的长条。香菇去掉蒂头，然后切成0.5厘米厚的薄片。将高汤以大火煮开之后，加入豆皮与香菇，转中火继续煮2分钟。将味噌溶入汤里，熄火后即可食用。

＋白味噌

份量：4人份

汤底
600毫升的柴鱼昆布高汤（见12页）
4汤匙的白味噌

白萝卜
4厘米长的白萝卜
先将白萝卜切成0.3厘米厚的薄片，再切成萝卜丝。将高汤以大火煮开之后，加入白萝卜，转中火继续煮3分钟。将味噌溶入汤里，熄火后即可食用。

莲藕与猪肉
3厘米长的莲藕
70克的猪背脊肉或猪胸肉薄片
1汤匙的麻油
七味粉
莲藕削皮，先切成圆形薄片再对切，厚度约0.3厘米。将猪肉片切成2厘米宽的条状。在锅内倒入麻油，以中火加热之后，先倒入猪肉，炒到表面开始变色，再加入莲藕，继续炒1分钟，这时才倒入高汤。汤开了之后，转中小火继续煮3分钟。将味噌溶入汤里，熄火后即可端上桌。食用前洒一点七味粉。

大白菜与姜
3片大白菜
1厘米长的姜
先将大白菜切3段，再切成0.7厘米宽的长条。姜切成细丝。将高汤以大火煮开之后，加入白菜，转中火继续煮5分钟。加入姜丝，再将味噌溶入汤里，熄火后即可食用。

＋赤味噌

份量：4人份

汤底
600毫升的柴鱼昆布高汤（见12页）
3汤匙的赤味噌

虾与细香葱
8只生的大虾（若买不到生的虾，熟的也行）
2根细香葱
把细香葱切成细细的葱花。将高汤以大火煮开之后，放入虾，转中火继续煮5分钟（如果虾是熟的，煮3分钟就好）。把浮在汤汁上的泡沫撇掉，再将味噌溶入汤里，熄火后即可端上桌。食用前洒下葱花。

韭葱
2根韭葱葱白
2汤匙的麻油
2根细香葱，切成葱花
韭葱切成2厘米长的小段。锅内倒入麻油以大火加热，油热了以后放入韭葱，等到葱的表面出现焦黄色泽，倒入高汤，转中火继续煮5分钟。将味噌溶入汤里，熄火后即可端上桌。食用前洒下葱花。

秋葵与紫苏
5根秋葵
2片紫苏
将紫苏细细切碎，秋葵切成0.3厘米厚的小段。将高汤以大火煮开之后，放入秋葵，转中火继续煮1分钟左右。将味噌溶入汤里，熄火后即可端上桌。食用前洒下紫苏。

腌渍小菜

大白菜

份量： 4人份
准备： 10分钟
放置： 2小时

¼颗大白菜
½颗有机柠檬
2咖啡匙的天然粗盐
1咖啡匙的酱油
2—3厘米长的姜
4厘米长的昆布

大白菜叶先纵切成3条，再切成4厘米长的小段。将昆布切成边长2厘米的方形。姜去皮并细细切碎。挤出柠檬汁，将柠檬皮细细切碎。准备1个有封口的保鲜袋，将所有的材料放进去，将袋内的空气挤出。袋口封好之后，从外部搓揉混合。放入冰箱至少2小时后再取出食用。这道小菜放在冰箱里可以保存2天。

芜菁（大头菜）

份量： 4人份
准备： 5分钟
放置： 2小时

2—3颗很小的芜菁
3厘米长的昆布，切成小块

腌料
5汤匙的米醋
1汤匙的蔗糖
1咖啡匙的粗盐

将芜菁切成厚度0.1—0.2厘米的圆形薄片（用厨房刨刀比较容易切成平整的薄片），放入碗里备用。把腌料的全部材料放进小锅里，以小火加热，使糖和盐融化并均匀混合，熄火之后再加入昆布。把酱汁倒入碗中，跟芜菁拌匀之后，至少要放置2小时。这道小菜放在冰箱里可以保存4天。

小黄瓜与胡萝卜

份量： 4人份
准备： 20分钟
放置： 2小时

½根小黄瓜
1根胡萝卜
1咖啡匙的粗盐

腌料
3汤匙的酱油
3汤匙的米醋
1咖啡匙的糖
1瓣大蒜，拍碎
1厘米长的姜，剁碎

将小黄瓜切成一口大小的滚刀块（先切小段，再从对角线切成两半），放入碗里，用盐腌10分钟，让它出水。胡萝卜切成同样的形状备用。把腌料的全部材料放进1个容器里，拌匀之后再加入小黄瓜与胡萝卜。把这道菜放进冰箱里，不时拿出来拌一下。腌渍2小时之后可以食用，放在冰箱里可以保存2天。

（译者注：法国的胡萝卜很小，如果用大陆的½根小黄瓜和1根胡萝卜，比例就不对了。）

日式煎蛋卷
（玉子烧）

份量：4人份
准备：5分钟
烹饪：5分钟

3个鸡蛋
1汤匙的柴鱼昆布高汤（见12页）
满满1咖啡匙的蔗糖
½咖啡匙的酱油
葵花子油

在碗里打蛋，并加入其他的材料拌匀。加热中型平底锅（直径约22厘米），倒入一点油，多出来的油用餐巾纸吸掉。整个锅面要均匀覆盖一层油。

倒入⅓份量的打散蛋汁，像煎可丽饼一样摊开。趁表面还没完全凝固，将蛋皮卷向锅的边缘。

再倒入⅓份量的蛋汁，摊开在之前的蛋卷下面，趁蛋皮已熟但未完全凝固之际，将新的一层卷在蛋卷上。重复这个过程，直到蛋汁用完为止。

利用卷寿司的竹帘，可以做出漂亮的方形煎蛋卷。用竹帘卷着它直到冷却，再把煎蛋卷切成6段食用。

01

03

04

02

05

温泉蛋

份量：4人份
准备：5分钟
放置：1晚
烹饪：18分钟

4个室温下的鸡蛋

柴鱼昆布酱油*
200毫升的酱油
满满3汤匙的柴鱼片**
1片3厘米×3厘米的昆布

将柴鱼昆布酱油的所有材料倒进1个玻璃罐里，放置1晚让它入味。如果时间不够，可以将这些材料倒进锅里煮沸以后熄火，放半小时让它入味。这种调味料适用于生鱼片和沙拉，还可以代替一般的酱油。放在冰箱里可以保存1个月。建议各位随时都要留一些柴鱼昆布酱油备用。将鸡蛋放进能盖紧的小锅子里，接着倒入滚烫的热水将鸡蛋完全盖住，再盖上锅盖等候18分钟。

在每个碗里剥开1个温泉蛋，淋上1汤匙的柴鱼昆布酱油。

＊＊柴鱼片
刨成薄片状的鲣鱼干

＊柴鱼昆布酱油

昆布　柴鱼片

酱油

以昆布和柴鱼片增添香味的酱油

纳豆

份量：1人份
准备：5分钟

1盒纳豆*(50克)
1厘米长的韭葱，葱白切碎
1汤匙的酱油
1个新鲜的鸡蛋
½咖啡匙的日本黄芥末酱（可选）

把所有的材料放进碗里，用筷子快速搅拌，搅到起泡。将搅拌过的纳豆装进小碗里，配1碗饭。要吃的时候，把纳豆倒在饭上。纳豆的质地黏糊糊的，味道非常特殊，不过它是日式传统早餐中不可或缺的配菜。

* 纳豆是发酵过的黄豆，通常是一盒盒卖的。最传统的纳豆是装在稻草容器里，豆子在里面会继续发酵。

盐烤鲑鱼

份量：4人份
准备：5分钟
放置：2小时
烹饪：10分钟

4小片鲑鱼（最好是有机鲑鱼）
4咖啡匙的天然粗盐
1段3厘米长的白萝卜，磨成泥

在鲑鱼的两面抹盐，用保鲜膜包起来，至少腌2小时，能够腌1整晚更好。把鱼肉上的水分擦干。将烤箱的温度设定在200℃，放进鲑鱼，烤大约10分钟（根据鲑鱼片的大小来调整时间）。

两种口味的凉拌豆腐（右页），
以及紫苏叶（左页）

豆腐

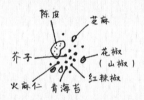

陈皮

芝麻

芥子

花椒
（山椒）

火麻仁　青海苔

红辣椒

豆腐是由豆浆凝结而成，通常是块状的，味道相当清淡微妙。

制作方法

制作者必须一大早就开始准备制作豆腐，才能卖给人当早餐。先从制作豆浆开始，黄豆前一晚先泡水，磨碎后加水混合，用布过滤之后的汁液称为豆浆，剩下来的则是豆渣。制作豆腐必须在豆浆中加入凝结剂（咸或酸的成分），豆浆才能凝结成型。传统上使用的凝结剂盐卤（氯化镁），是从海盐提炼出来的。将凝结的豆浆倒入模子以前，必须先把乳清去掉。

（译者注：作者没提到煮沸的步骤，豆浆加盐卤之前要先煮过。）

不同的豆腐

豆腐基本上有两种。嫩豆腐柔软，像丝绢般滑嫩，富含水分，可以生吃（蘸酱油的凉拌豆腐），也可以用来煮味噌汤。老豆腐比较扎实，可以跟肉一起煎、油炸后浸泡柴鱼昆布高汤（扬出豆腐）、在火锅里慢慢炖煮，或者压碎揉成丸子再油炸（飞龙头）。

小黄瓜七味粉口味

份量： 4人份
准备： 10分钟

1块300克的嫩豆腐*
½根小黄瓜
3厘米长的韭葱葱白
2咖啡匙的细盐
1汤匙的鱼露
1咖啡匙的蔗糖
3汤匙的麻油
2汤匙的米醋
1厘米长的姜，去皮
1小撮七味粉**

小黄瓜切成0.5厘米见方的小丁，加点盐拌一下，放个5分钟。用双手轻压黄瓜丁，把水分挤出。把韭葱和姜切碎。在1个小碗内，将小黄瓜、韭葱、姜和其他的调味料充分混合。把整块豆腐切成4份，每份各自摆在1个碟子里，要吃的时候再淋上满满1汤匙的黄瓜丁。

柴鱼紫苏口味

份量： 4人份
准备： 10分钟

1块300克的嫩豆腐*
2片紫苏***
4小撮柴鱼片
4汤匙的酱油

把豆腐切成4份。将紫苏叶细细切碎。将每份豆腐各自摆在1个碟子上，洒上紫苏和柴鱼片。要食用前，每碟各淋上1汤匙酱油。对于这道菜来说，豆腐的质地非常重要。最好是选择水分较多的嫩豆腐，在有机商店就买得到。请注意，还有其他豆腐比嫩豆腐更扎实、更硬。如果买不到嫩豆腐，也可以用中国豆腐代替。豆腐的水分很多，一旦淋上酱汁，很快就会化掉，最好是要吃的时候才淋酱汁。

（左页）位于根津地区的豆腐店
（右页）油炸豆皮

筑地市场

筑地市场位于东京，是全世界最大的海鲜市场，即使它贩卖的商品不仅限于海鲜。筑地市场包括场内市场和场外市场，场内市场几乎天天营业，做的是批发生意，在9点以前只对业者开放。普通消费者从早上5点起就可以去逛场外市场。为了服务市场内的员工，这里的餐馆很早就开始做生意。筑地市场最有名的是寿司，非常新鲜而且价格不贵，因此吸引了大批游客。

（译者注：筑地市场有公休日。）

午餐

　　日本人的午餐做起来容易，吃也花不了多少时间。面条、米饭、鱼和肉是便当外带和餐厅内用的基本食材。丼饭就是在配料底下铺一层饭；荞麦面则有炒面或水煮面。日本从北到南，面条的颜色都不一样。家母来自南部的九州岛，她煮的高汤色泽清澈。我在东京长大，当我第一次在餐厅吃乌龙面时，看见面条隐没在黑色高汤里，真的吓了一跳。

荞麦面

份量：4人份
准备：10分钟
烹饪：30分钟

面蘸酱＊

400毫升的水
150毫升的味醂
200毫升的酱油
1咖啡匙的蔗糖
1小撮碎柴鱼片
5厘米×5厘米的昆布
350—400克的荞麦面条
3厘米长的白萝卜，削皮磨成泥
3厘米长的姜，削皮磨成泥
½片海苔，切成细长条
1根细香葱或3厘米长的韭葱葱白，切成细细的葱花
山葵酱

准备面蘸酱。把除面条、山葵酱、葱花和海苔以外所有的材料放进锅里，用小火煮20分钟。熄火。面蘸酱放在冰箱里可以保存2个星期。建议您准备2倍的份量，它可以当成竹篓凉面（见244页）的蘸酱，或者加柴鱼昆布高汤稀释，作为乌龙面和荞麦面的热汤。按照面条外包装上的说明将荞麦面煮熟。将面条捞起沥水，放在滤网上拿到水龙头底下过冷水，同时立刻以手搓揉面条，这个动作至少要进行20秒，才能去除多余的淀粉。再一次将面条沥干。

将面条装在编织的竹篓上或者个人的碟子里，再洒上海苔丝。面蘸酱装在1个小碗内，如果您喜欢，也可以加水稀释。要吃的时候加入山葵酱和葱花。面条末端蘸一下蘸酱，入口品尝。

＊面蘸酱
（用来蘸面条的酱）

面条末端蘸一下蘸酱

鸭肉荞麦面

份量：4人份
准备：10分钟
烹饪：25分钟

面汤
1.2升的柴鱼昆布高汤（见12页）
5汤匙的酱油
5汤匙的味醂

2根韭葱的葱白
1块大约300克的鸭胸肉
½汤匙的植物油
350—400克的荞麦面条
5厘米长的白萝卜（或者½根黑萝卜），削皮磨成泥
4块柚子皮*

将鸭胸肉切成0.7厘米厚的肉片，韭葱切成3厘米长的葱段。油倒入锅内加热，放入韭葱以大火翻炒，待葱白表面出现焦黄色即可，不必炒到全熟。接着放入鸭肉片，两面稍微煎一下，当鸭肉开始变色，倒入面汤的所有材料。汤开了之后转小火，继续煮3分钟左右。在煮汤的同时准备煮面。按照外包装上的说明将荞麦面条煮熟，沥水之后，分别装进大碗里。把汤倒进碗里，鸭肉和葱段摆上去，并加入柚子皮和萝卜泥作为点缀。

✳柚子

日本人常用柚子
皮来增添食物的
香味

咖喱乌龙面

份量：4人份
准备：15分钟
烹饪：15—20分钟

320克的乌龙面条（或者4包熟的乌龙面）
200克的猪胸肉薄片
1颗洋葱
1汤匙的植物油
细香葱的葱花

高汤

1.2升的柴鱼昆布高汤（见12页）
1汤匙的味醂
1汤匙的酱油
4块红咖喱块（微辣、中辣或特辣皆可）

洋葱剥去外皮切成两半，再切成0.5厘米的薄片。猪肉切成3厘米宽的肉片。在大锅里把油加热（之后就用同一个锅子煮4人份的酱汁），用中火炒肉片，当肉的颜色变白，加入洋葱继续炒1分钟，接着把高汤、味醂和酱油倒进锅里煮。汤煮开之后，转小火继续加热，直到洋葱变软为止。把红咖喱块弄碎，倒入高汤里持续搅拌，再多煮3分钟。当红咖喱块均匀融化时，汤也会变得浓稠。

按照外包装上的说明将面条煮熟，面条沥水后分别放入碗里。把汤倒入碗里，洒上葱花趁热食用。

牛肉乌龙面

份量：4人份
准备：15分钟
烹饪：15—20分钟

320克的乌龙面条（或者4包熟的乌龙面）

面汤
1.2升的柴鱼昆布高汤（见12页）
3汤匙的味酥
3汤匙的酱油
1咖啡匙的盐
2汤匙的清酒

牛肉（用加糖的酱汁炖煮）
400克的牛肉片（适量的肥肉）
200毫升的柴鱼昆布高汤（见12页）
2汤匙的酱油
1汤匙的蔗糖
2汤匙的味酥

1根葱，切成细细的葱花

牛肉切成3厘米宽的肉片。将牛肉、酱油、糖和味酥放入锅里，以中小火拌炒。加入高汤，继续以小火炖5分钟。在汤锅里加入面汤的所有材料，煮开。按照外包装上的说明将面条煮熟，面条沥水后分别放入碗里。把汤倒入碗里，牛肉片铺在面条上，并洒上葱花，趁热食用。

拉面

份量：1人份
准备：10分钟
放置：2小时
烹饪：15分钟＋制作卤肉所需的时间

4块卤猪肉（见232页）
1个熟鸡蛋
1段2厘米长的韭葱葱白，斜切成细葱丝
1汤匙的麻油
1咖啡匙的酱油
胡椒
细香葱
100克的拉面面条

高汤

400毫升的水
4汤匙卤猪肉的卤汁
1汤匙的鱼露
胡椒

先准备配料。将卤猪肉切成1厘米厚的肉块。把蛋煮熟。如果还有卤汁，把熟蛋放在卤汁里浸2小时。将韭葱丝、麻油、酱油和胡椒倒进小碗里拌匀。在汤锅里倒入高汤的所有材料，用中火煮开之后，转小火保温。

按照外包装上的说明将面条煮熟，充分沥水。请注意，拉面煮好要马上吃，否则口感和味道都会变差。将面条放入大碗里，倒入热热的高汤，摆上配料并洒点胡椒，趁热食用。虽然很烫，但拉面就是要这样才好吃。

日式炒面

份量：4人份

准备：15分钟

烹饪：10分钟＋煮面时间10分钟（若有必要）

4包拉面（重量约250克），或者4包蒸熟面（重量约520克）
1颗洋葱
1片高丽菜
200克的猪胸肉薄片

酱汁

3汤匙的猪排酱
1½汤匙的蚝油
1咖啡匙的鱼露
3汤匙的葵花子油
4个鸡蛋
几撮青海苔*

洋葱剥去外皮切成两半，再切成0.3厘米的薄片。高丽菜切成小片，每片约一口大小。按照外包装上的说明将面条煮熟，沥水。如果用蒸熟面，可以省略这个步骤。在大平底锅里加热1汤匙的葵花子油，用中火炒洋葱。等洋葱变透明，加入肉片继续炒2分钟。加入高丽菜，再炒1分钟。将炒好的配料盛起备用。平底锅洗干净并重新加热，倒入2汤匙葵花子油，以中火炒面2分钟，使面条均匀地沾到油，不会黏住。等面条炒到油亮时，加入先前的猪肉、蔬菜等配料，并倒入酱汁。将所有的材料拌匀，分别装在每个人的盘子上。将煎好的荷包蛋摆在面条上，并洒上青海苔。

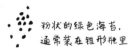

＊青海苔

粉状的绿色海苔，
通常装在锥形瓶里

荞麦面师傅

03

师傅用荞麦的面粉制作荞麦面。

他先用好几根擀面棍，将面团擀平，卷起来再擀平。

然后将面粉洒在一整片面团上，再把面团折成3层，之后开始切面条。

04

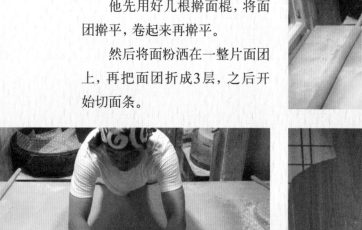

01

02

05

06

09

07

08

10

煮荞麦面

01

03

04

02

日式炒饭

份量:4人份

准备:5分钟

烹饪:10分钟

4碗饭(冷饭或微温的饭,见10页)
1根韭葱,切成细细的葱花
5个鸡蛋
1汤匙+一点酱油
1汤匙的鱼露
1小撮盐
1汤匙的清酒
4汤匙的葵花子油

先准备炒蛋。在大碗里把蛋打散。炒锅以中火加热,倒入2汤匙的葵花子油,再把蛋汁倒进去,用锅铲略搅一搅,使蛋散开。鸡蛋没完全炒熟时就熄火,盛起备用。然后准备炒饭。冷饭往往会黏成一团,在炒饭下锅之前,先想办法把冷饭弄松,让饭粒不会黏在一起。

将炒蛋的锅子重新加热,准备炒饭。如果锅子不够大,就把饭分2次炒(不然的话您的炒饭会太黏)。倒入2汤匙的葵花子油,等油热了就把饭倒进锅里,用锅铲不停地翻炒。当饭粒都已沾到油并且完全松开,加入葱花和炒蛋,继续用大火翻炒。加入酱油、鱼露、盐和清酒等调味料,最后起锅以前,再沿着锅子边缘淋一点酱油,微焦的酱汁可以让炒饭变得更香。

鸡肉鸡蛋亲子丼

份量：4人份
准备：15分钟
烹饪：7分钟（1人份）

250克的鸡肉
8个鸡蛋（每人2个）
1段韭葱葱白
200毫升的柴鱼昆布高汤（见12页），或水
1汤匙的糖
3汤匙的酱油
3汤匙的味醂*
4碗饭（见10页）
点缀用的海苔片与细香葱的葱花

把鸡肉切成3厘米×3厘米的鸡块，韭葱斜切成1厘米长的葱段。在大碗里打蛋。在平底锅里放入高汤和韭葱，用中火煮开。加入鸡肉、糖、味醂和酱油继续煮，直到韭葱变透明，鸡肉被煮熟。把蛋汁倒入锅里，当蛋白开始变熟，盖上锅盖多煮30秒。熄火，不掀锅盖再焖一下，如此一来鸡蛋不会太熟，口感更松软。

在每个人的大碗里盛饭，让鸡肉跟蛋滑进碗里覆盖在饭上，小心不要把蛋弄破。（这个步骤有点难，因为半熟的蛋容易破。用小平底锅每次做1人份，比较容易成功。）洒上海苔片和葱花作为点缀，趁热食用。

做这道菜，如果每次煮1人份的蛋，结果会比较令人满意。您可以将所有的配料分成4份，用小平底锅煮蛋。也可以用大平底锅，最后才把蛋分成4份。

＊味醂
不辛辣而且带有甜味的
清酒，被当成调味料

炸虾丼（天丼）

份量： 4人份
准备： 30分钟
烹饪： 30分钟

8只大虾
½根茄子
¼个黄地瓜
½个青椒
4碗饭（见10页）
1片海苔

天妇罗（炸物）面糊

1个鸡蛋
½杯面粉
½杯冷水
植物油

蘸酱

2撮柴鱼片*
100毫升的酱油
100毫升的味醂
2汤匙的蔗糖
1片昆布（大约4厘米×4厘米）
2杯水

将蘸酱的全部材料倒入锅里煮开。用小火继续熬15分钟后把渣滤掉。这种蘸酱放在冰箱里可以保存3个星期。在大碗里打蛋，加水拌匀，然后倒入面粉轻轻搅拌，不要搅成糊，维持有粉的状态，炸的面衣才会酥脆。放进冰箱里备用。剥掉虾壳，但保留虾尾的部分。划开虾的背部挑掉黑线，腹部也稍微划一下，虾炸熟后才不会弯曲。将地瓜切成片，每片厚度约0.7厘米，青椒和茄子各切成4条。在锅里将油加热到170℃，蔬菜裹面糊后下锅油炸，炸好了就摆在餐巾纸上沥油。将油的温度提高到180℃，虾一只只裹面糊（只限虾肉部分，不含虾尾）后下锅油炸，炸好了就摆在餐巾纸上沥油。在每个人的大碗里盛上饭，淋上1汤匙的酱汁，将¼片的海苔、炸蔬菜跟炸虾铺在饭上，最后再淋上2汤匙的酱汁。

*柴鱼片
刨成薄片状的鲣鱼干

鲔鱼鳄梨丼

份量：4人份
准备：25分钟

250克的新鲜鲔鱼
4碗饭（见10页）
1个熟透的鳄梨
1片海苔

腌料
4汤匙的酱油
2汤匙的味醂
½汤匙的麻油
1小瓣大蒜

预先将海苔片撕成1厘米×1厘米的小片。大蒜磨成泥，跟酱油、味醂、麻油调制成腌料。把鲔鱼切成2厘米见方的方块，腌15分钟。在即将食用前，将鳄梨切成2厘米见方的小块。在大碗里盛饭，将鲔鱼和鳄梨铺在饭上，再淋上1汤匙的腌料。洒上海苔片点缀。

最后再切鳄梨，以免氧化。

那不勒斯意大利面

份量：4人份
准备：15分钟
烹饪：15分钟

360克的意大利面（直径1.7毫米）
1颗洋葱
½个青椒与½个红椒
6朵蘑菇
100克的猪肉肠（例如法兰克福香肠）
30克的奶油
160克的西红柿酱
帕尔玛干酪粉
粗盐
胡椒

洋葱切成宽约0.5厘米的长条，青椒和红椒去子，切成跟洋葱大小相当的长条。蘑菇洗净切片，厚度约0.5厘米。肉肠切成圆片状。根据外包装上标示的时间煮意大利面。加热平底锅使奶油融化，加入洋葱、青椒、蘑菇和肉肠，将这些配料炒到微焦，加入意大利面继续拌炒，再加入西红柿酱、盐和胡椒，将调味料充分拌匀。将面分配到各人的盘子上，洒上帕尔玛干酪粉，趁热食用。

鳕鱼子意大利面

份量：4人份
准备：5分钟
烹饪：8分钟

400克的意大利面（直径1.7毫米）
50克的加盐奶油
100克的鳕鱼子*
1片紫苏（或九层塔），切碎
盐

在盐水里煮意大利面。在煮面的同时，在沙拉碗里将鱼子去膜。加入奶油。煮好的面条沥水之后，放入沙拉碗里。将除紫苏外所有的材料混和均匀。把面分配到各人的盘子上，以紫苏点缀，趁热食用。

*鳕鱼子

咸的鳕鱼卵或黄线
狭鳕鱼卵

在腌制时加入辣椒的就
称为"明太子"

握寿司

份量：4人份

准备：30分钟＋准备醋饭的时间

配料

4只大虾

4汤匙的鲑鱼卵

1块大约4厘米×5厘米非常新鲜的鲔鱼

4片非常新鲜的竹荚鱼

1片非常新鲜的金头鲷

用2杯米煮成的醋饭（见237页）

1片海苔

山葵酱

½碗水和½碗醋调成的寿司醋

酱油

鲔鱼切成厚度1厘米、宽度2.5厘米、长度5厘米的鱼片。鲷鱼也切成同样的尺寸。剥掉竹荚鱼的皮。按照236页的食谱来处理大虾。

用手捏出椭圆形的小饭团（总共20个）。准备好鲔鱼、竹荚鱼、鲷鱼和大虾。取1片鱼肉放在手掌上，鱼肉中央放一点山葵酱，再把饭团摆上去。把饭团和鱼片倒过来，变成鱼片朝上。用食指和中指轻压鱼片的中央。用拇指和中指将寿司的边缘捏紧（寿司始终摆在手掌上），再用食指把寿司表面稍微压平。制作鲑鱼卵寿司，先将海苔片裁成3.5厘米×20厘米的长方形。用海苔把饭团围一圈，用1颗饭粒黏住海苔片的边缘。把鲑鱼卵摆在饭团上。蘸酱油食用。

豆皮寿司
（稻荷寿司）

份量：4人份

准备：30分钟＋准备醋饭的时间

烹饪：20分钟

8块油炸豆皮*
200毫升的柴鱼昆布高汤（见12页）
3汤匙的蔗糖
3汤匙的酱油
1汤匙的味醂
用2杯米煮成的醋饭（见237页）

将长方形的油炸豆皮切成2个方块。把豆皮撑开成为口袋状。在锅里倒入份量足够的水，煮开之后将豆皮放入锅里煮2分钟，除去多余的油。让豆皮沥水，并趁它还温热时，用双掌轻压，把水和油挤掉。将柴鱼昆布高汤、酱油、糖和味醂放入锅里煮开。放入豆皮，盖上锅盖，用中火继续煮10—15分钟，等豆皮充分吸收酱汁后就可以熄火。放凉备用。

以醋水蘸湿双手。将豆皮撑开成为口袋状，抓1小把醋饭塞进去。一开始先拿少量的饭，斟酌寿司的尺寸，豆皮的边缘留一点空隙。将豆皮的边缘折起来封住。将豆皮寿司的开口朝下，摆在碟子上。您可以直接吃原味，不蘸酱油。

＊油炸豆皮

长方形的油炸豆腐皮

猪排三明治

份量：4人份

准备：15分钟＋准备炸猪排的时间

4块炸猪排（见210页）
8片吐司面包
4汤匙的美乃滋
2—3汤匙的传统芥末酱
¼根小黄瓜，切片
4汤匙的猪排酱

高丽菜沙拉

⅛颗高丽菜
1汤匙的橄榄油
几片香草叶（紫苏、薄荷、芫荽……）
½颗有机柠檬，榨汁
1小撮盐

先制作高丽菜沙拉。用厨房刨刀将高丽菜切成细丝。将香草切碎。
将高丽菜、橄榄油、香草、柠檬汁和盐在沙拉碗里拌匀，静置5分钟。
烤好吐司面包。先在2片面包上都涂抹芥末酱和美乃滋。在其中一
片面包上依次铺上小黄瓜片、1块猪排、¼份量的高丽菜沙拉，然
后覆盖另一片面包。每个三明治都重复同样的步骤。

照烧鸡肉汉堡

份量：4人份
准备：20分钟
烹饪：5分钟

照烧鸡肉

4块去骨的鸡大腿肉
2汤匙的酱油
2汤匙的味醂
1咖啡匙的蜂蜜
面粉

高丽菜沙拉

¼颗紫色高丽菜
½根胡萝卜，去皮
⅛颗紫洋葱
1汤匙的米醋
1汤匙的橄榄油
1汤匙的蔗糖
1汤匙的盐
1汤匙的美乃滋

配料

½颗洋葱，切成细洋葱圈
几片莴苣（生菜）
3咖啡匙的西红柿酱
满满4咖啡匙的美乃滋
4个汉堡面包，切成两半

准备照烧鸡肉。将酱油、味醂和蜂蜜倒进小碗里拌匀。在鸡肉上洒一点面粉。在平底锅里加热1汤匙的油，先将鸡肉的两面煎3分钟，再倒入酱汁。继续加热使酱汁滚沸变浓稠，并翻动鸡肉，让各部位都蘸到酱汁。将紫高丽菜和紫洋葱切成很薄的薄片，红萝卜切成细长条，和高丽菜沙拉的其他调味料拌匀。汉堡面包放进烤箱里烤过后，依次摆上莴苣、美乃滋、鸡肉、高丽菜沙拉、洋葱圈和西红柿酱。

食物模型

日本人喜欢眼见为凭，在用餐前要先看到食物的模样。

供应经典菜式的餐厅会去买现成的食物模型摆在橱窗里展示。这种东西不便宜，一个披萨模型就要100欧元，因为完全是手工制作的。

如今有许多餐厅经常更换菜单，推出原创的菜式。他们需要特别订做食物模型，才能忠实呈现他们的餐点。如此一来就得花更多的钱。所以食物模型逐渐被照片取代了。

便当

　　便当的内容包含蛋白质、新鲜或腌渍的蔬菜，还有饭。有时候会做成饭团的形式。它是工人、学生或旅客的用餐选择。每个大型车站都有专属的车站便当，随着季节的变化，也会推出应景的野餐便当；欣赏盛开的美丽樱花时，我们会品尝花见便当；日本传统的歌舞伎剧场，也有自己专属的幕内便当，供观众在中场休息时享用。

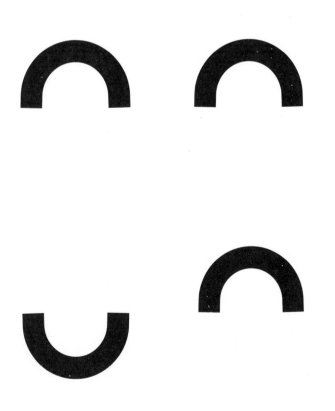

花见便当

NA

份量：4人份
准备：1小时
烹饪：1小时+煮饭的时间
放置：3小时

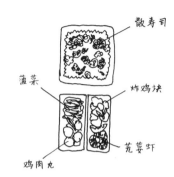

散寿司

菠菜

炸鸡块

芫荽虾

鸡肉丸

散寿司

准备：30分钟+准备醋饭的时间

放置：3小时

烹饪：20分钟

配料

½把油菜花*或芝麻菜
1咖啡匙的盐
1段莲藕（大约200克）+
1汤匙的米醋
5—6朵干香菇
1根胡萝卜
3汤匙的酱油
1汤匙的糖
1汤匙的米醋
2汤匙的味醂

100毫升的柴鱼昆布高汤
（见12页）
100毫升的泡香菇水（见食谱）
1汤匙的冷压初榨麻油
4个鸡蛋
1汤匙的糖
1汤匙的酱油
葵花子油
1罐鲑鱼卵（大约100克）
2汤匙的烤芝麻粒
用3杯米煮成的醋饭
（见237页）

干香菇放在碗里泡水，盖上盖子在室温下至少放置3小时。等香菇泡软，把水分挤出，但泡香菇的水留着不要倒掉。您可以在前一晚泡香菇，把碗放在冰箱里。香菇去掉蒂头，切成0.5厘米厚的薄片。莲藕去皮切成0.2厘米厚的圆形薄片，放进水里并加入1汤匙的醋，浸泡10分钟，取出沥水备用。将胡萝卜切成3厘米长的小段，然后切成细丝。

在锅里以中火将麻油加热后，放入莲藕、香菇和胡萝卜，先炒1分钟，再倒入高汤、泡香菇水、味醂、3汤匙的酱油、1汤匙的糖和醋，转小火煮15分钟左右，并不时搅拌。当酱汁开始收干变浓稠，熄火冷却备用。在碗里打蛋，加入糖和酱油拌匀。加热平底锅之后，倒入薄薄一层葵花子油，将多余的油吸掉。重复煎几次蛋皮。将所有的蛋皮叠在一起，切成3份，然后切成细长条。准备1大碗冷水加一点冰块。在锅里用滚沸的盐水将油菜花烫1分钟。取出沥水后，放进冰水里快速冷却。重新沥水并用双掌轻压，让油菜花脱水。切成3厘米长的小段。

将⅔份量的莲藕、香菇、胡萝卜、蔬菜酱汁和芝麻，跟醋饭拌在一起。将拌好的饭装进大的便当盒里，再将其他煮好的蔬菜铺在饭上，并加上蛋皮、鲑鱼卵和油菜花作为点缀。

**油菜花
跟芥菜花很像，在市场
里就买得到

78
便当

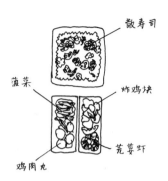

散寿司

菠菜

炸鸡块

芜荽虾

鸡肉丸

芝麻酱拌菠菜

准备：5分钟
烹饪：2分钟

150克的菠菜（叶与根）
1咖啡匙的盐
1汤匙的酱油
1咖啡匙的蔗糖
1汤匙的白芝麻酱
1咖啡匙的烤芝麻粒

菠菜在滚沸的盐水中烫1分钟，捞出沥水，并以双掌轻压使菠菜脱水。切成3厘米长的小段。酱油、芝麻酱和芝麻粒先在碗里拌匀，再放入菠菜。

鸡肉丸

参考184页，将材料的份量减半，做成比较小颗的鸡肉丸（直径约3厘米）。

芜荽虾

份量：4人份
准备：15分钟
烹饪：4分钟

12只大虾
粗盐

调味的酱汁
½把芜荽
1小块姜
½瓣大蒜
2汤匙的鱼露
1撮蔗糖
100毫升的冷压初榨麻油或葵花子油
¼颗青柠，榨汁

将调味汁的所有材料切碎拌匀。虾去头剥壳保留虾尾，稍微划开背部挑出黑色泥线，放进加了粗盐的开水里烫1分钟。沥水后淋上3汤匙的调味汁拌匀。

炸鸡块

参考150页，将材料的份量减半，做成比较小的炸鸡块（边长约3厘米）。

鱼便当

份量：2人份

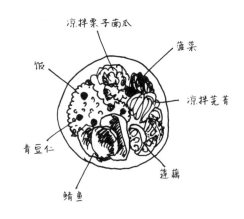

凉拌栗子南瓜
菠菜
饭
凉拌芜菁
青豆仁
莲藕
鲭鱼

酥炸腌渍鲭鱼

准备：5分钟
烹饪：10分钟

2片鲭鱼（约200克）
1咖啡匙的姜泥
2咖啡匙的酱油
4汤匙的马铃薯粉
葵花子油

将每片鲭鱼都切成3块，放在小碗里用酱油和姜泥腌10分钟。用餐巾纸擦干。鱼片先蘸粉再放进小锅里油炸，起锅后沥油。

凉拌芜菁
与黄甜菜根

准备：5分钟
烹饪：20—30分钟

1颗芜菁（大头菜）
1颗黄色甜菜根
1咖啡匙的天然粗盐
1咖啡匙的麻油
1咖啡匙的米醋

将甜菜根煮熟，削皮后以厨房刨刀切成薄片。用同样的方式将芜菁切成薄片。加入其他的调味料拌匀。

青豆仁饭

准备：5分钟
烹饪：5分钟

2碗白饭（见10页）
50克的青豆仁
1咖啡匙的盐

用盐水将青豆仁煮熟，沥水后跟白饭拌匀。

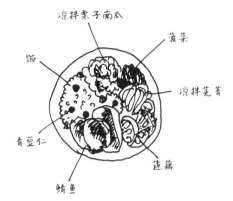

凉拌栗子南瓜

菠菜

饭

凉拌芜菁

青豆仁

莲藕

鲭鱼

日本芥末酱
拌菠菜

准备：5分钟

烹饪：2分钟

150克的菠菜（叶与根）
1咖啡匙的盐
1汤匙的酱油
1咖啡匙的日本芥末酱

菠菜在滚沸的盐水中烫1分钟，捞出沥水，并以双掌轻压使菠菜脱水。切成3厘米长的小段。先把酱油和芥末酱在碗里拌匀，再放入菠菜。

凉拌栗子南瓜

准备：5分钟

烹饪：10分钟

200克的栗子南瓜 + 100毫升的水
1汤匙的黑色葡萄干
4片薄荷叶，切碎
满满1咖啡匙的洋葱，切碎
1汤匙的美乃滋
1咖啡匙的橄榄油
⅛颗有机柠檬，榨汁
1撮盐
1小撮咖喱粉
1小撮糖

将栗子南瓜削皮，切成2厘米×2厘米的小块。在小锅里放入100毫升的水和南瓜，盖上锅盖用中火加热，利用锅内的蒸气将南瓜焖熟。如果水都蒸发了，南瓜还没熟，就再加一点水。趁热和其他材料拌匀，美乃滋除外。等南瓜凉了，再放美乃滋下去拌匀。

油炸莲藕拌芝麻

准备：10分钟

烹饪：10分钟

1段6厘米长的莲藕
1汤匙的芝麻粒
1汤匙的酱油
葵花子油

将莲藕削皮，剖成两半，再切成0.7厘米厚的藕片。在水里浸泡5分钟，取出沥水，用餐巾纸把水分吸干。在小锅里倒入2厘米深的油，加热到170℃。将莲藕放进锅里油炸，直到表面出现美丽的焦黄色。沥油后放入碗里，加入酱油和芝麻拌匀。

肉便当

份量：1人份

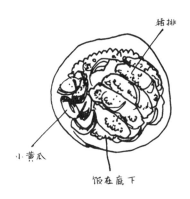

猪排

小黄瓜

饭在底下

日式猪排饭

准备：10分钟＋猪排的准备时间（15分钟）

烹饪：10分钟＋猪排的烹饪时间（7分钟）

1块炸猪排（见210页）
2个鸡蛋
¼颗洋葱
50毫升的柴鱼昆布高汤（见12页）或水
1咖啡匙的糖
1汤匙的酱油
½汤匙的味醂
1碗饭
作为点缀的七味粉*

将炸猪排切成几块，每块约2厘米宽。在碗里打蛋。洋葱剥去外皮，切成0.5厘米厚的薄片。在小平底锅里放入高汤和洋葱，用中火煮开，加入糖、味醂和酱油继续煮，直到洋葱变软。加入切块的猪排，再多煮2分钟。把蛋汁倒入锅里，当蛋白开始变熟，盖上锅盖多煮30秒。熄火，不掀锅盖再焖一下（如此一来鸡蛋不会太熟，口感更松软）。

在便当盒里盛饭，让猪排跟蛋滑到饭上，小心不要把蛋弄破。这个步骤有点难，用小平底锅每次做1人份，比较容易成功。

＊七味粉
混合7种日本香料
（陈皮、芝麻、花椒、红辣椒…）

盐渍小黄瓜

准备：5分钟

1段长约3厘米的小黄瓜，再斜切成4片
1咖啡匙的盐
1块1厘米的昆布
1小片姜，切成姜丝

在小碗里将所有的材料拌匀，腌5分钟后，把渗出的水倒掉。这道小黄瓜可作为炸猪排的配菜。

根津松本

商い中

☎03-5913-7354

蔬菜便当

份量：1人份
准备：10分钟
烹饪：10分钟

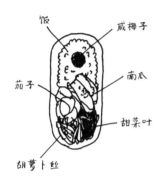

饭
咸梅子
南瓜
茄子
甜菜叶
胡萝卜丝

味噌茄子

准备：3分钟
烹饪：5分钟

½根茄子，切成边长2厘米的方块
¼个青椒，去子切成边长2厘米的方块
3汤匙的水
1汤匙的味噌
1汤匙的味醂
1咖啡匙的蔗糖
1汤匙的麻油

味噌、味醂和糖先在小碗里拌匀。以小火加热小平底锅里的油，放入茄子炒1分钟，加水并盖上锅盖，继续煮到茄子变软。加入青椒和味噌等调味料，拌炒均匀之后熄火。

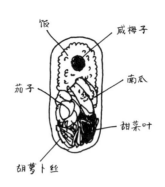

饭 ——— 咸梅子

茄子 ——— 南瓜

 ——— 甜菜叶

胡萝卜丝 ———

炒甜菜叶

准备：3分钟

烹饪：3分钟

1把甜菜叶（叶与茎），洗净并切成3厘米的小段（您也可以用菠菜来取代）
1咖啡匙的橄榄油
1咖啡匙的蚝油
胡椒

以中火加热平底锅里的油，将茎和叶放入锅里炒熟，加入蚝油和胡椒调味，熄火。

烤南瓜

准备：3分钟

烹饪：8分钟

4片南瓜，削去皮并切成0.5厘米厚的薄片
满满1汤匙的面包粉
1撮盐
1咖啡匙的酱油
1咖啡匙的蜂蜜
1咖啡匙的葵花子油

烤箱预热到180℃。将蜂蜜、油和酱油在碗里拌匀，再把南瓜片加进去拌。将南瓜铺在烤盘上，上面洒面包粉。烤8—10分钟。

胡萝卜丝

准备：5分钟

½根胡萝卜，削皮刨成丝
1咖啡匙的麻油
1咖啡匙的米醋
½咖啡匙的酱油
1把葵瓜子
1咖啡匙的葡萄干

将所有的材料在碗里拌匀，腌5分钟。

梅子饭

准备：煮饭的时间

1碗饭（见10页）
1颗咸梅子

把咸梅子放在煮熟的饭中央。在日本超市可以买到咸梅子。这种梅子经常出现在便当里，因为它有杀菌的功效。梅子被视为有益健康的食品，因为它可以让血液保持碱性。

饭团

作法

份量：4—6人份

1个大饭团＝2个小饭团＝1碗饭

1.双手用水蘸湿；

2.在手上洒1撮天然粗盐；

3.把饭摆在一只手上；

4.把您喜欢的配料放在饭的中间（不论什么配料）；

5.用另一只手做成饭团，把配料往里面压。若有需要，加一点饭把配料盖住；

6.把饭团做成三角形，调整每个角的角度。

04

05

06

07

08

09

不同口味的饭团

份量：4—6人份

姜烧猪肉饭团

份量：8个小饭团
准备：5分钟
烹饪：10分钟

200克的猪胸绞肉
1段2厘米长的姜，细细切碎
1汤匙的酱油
2咖啡匙的蔗糖
1汤匙的味酥
2汤匙的清酒
胡椒
油
4碗饭（见10页）

在小锅里用中火热油，把猪肉和姜放下去炒。等猪肉开始变色，加入其他的调味料。继续用锅铲拌炒，直到酱汁几乎收干，再跟饭拌在一起，按照94页的作法做成饭团。

紫苏香松鸡蛋饭团

份量：8个小饭团
准备：5分钟
烹饪：5分钟

2个鸡蛋
2咖啡匙的蔗糖
2汤匙的紫苏香松（成分为紫色紫苏的日本调味料）
4碗饭（见10页）

打蛋，并且加糖打成蛋汁。把小锅加热，倒入蛋汁做成炒蛋。将蛋、紫苏香松和饭拌在一起，按照94页的作法做成饭团。

柴鱼饭团

份量：8个小饭团
准备：3分钟

5克的柴鱼片
½汤匙的酱油
4碗饭（见10页）

柴鱼片先跟酱油拌匀，再跟饭拌在一起，按照94页的作法做成饭团。

不同口味的饭团
（续篇）

青豆仁饭团

份量：8个小饭团
准备：5分钟
烹饪：10分钟

150克青豆仁，带豆荚
1汤匙的盐
4碗饭（见10页）
1段1厘米长的姜，削去皮切碎

青豆仁剥去豆荚，用盐水煮熟，沥水后跟饭和姜拌在一起，按照94页的作法做成饭团。

鲑鱼青菜饭团

份量：8个小饭团
准备：15分钟
放置：2小时
烹饪：10分钟

1块盐烤鲑鱼（见24页）
1把青菜叶（甜菜、芜菁或菠菜的绿叶）
1撮盐
1咖啡匙的麻油
4碗饭（见10页）
1汤匙的烤芝麻粒

青菜叶切成段。在平底锅里热油，然后炒菜。加盐。熄火。把鲑鱼肉剥碎。将鲑鱼、青菜、芝麻和饭拌在一起，按照94页的作法做成饭团。

酱油烤饭团

份量：4个大饭团
准备：5分钟
烹饪：15分钟

4个大饭团（见94页）
2汤匙的酱油
植物油（麻油、芥花油或橄榄油）

锅里放一点油，用中火加热（用烤肉炉更方便）。把饭团放进去烤，直到两面都出现美丽的焦黄色。在其中一面涂上酱油，翻面再烤一下，让烤酱汁飘出香味。另一面也重复同样的步骤。

请注意，做这道烤饭团，饭团要压得比较紧实，烤的时候才不会变形散掉。

日式煎饼（仙贝）

日式煎饼是日本很常见的咸味点心，通常在餐后配茶食用，或者当成下午点心。

这家店是东京根津地区最好的煎饼店之一，传统的口味远近驰名。师傅烘烤这些干米饼，不时涂上酱油。煎饼的金黄酥脆和酱汁的焦香味真是美妙的组合。

炭火手焼
大黒屋
BAKU-YADO

炭火手焼
大黒

炭火手焼
大判　　2枚入
540円

炭火
醤油

東日本大震災へ¥10956
寄付させて戴きました

点 心

日本人喜欢在下午茶的时间吃甜食。传统的糕点和灵感来自西方的洋菓子，人气与之不相上下。铜锣烧就是夹馅松饼，蜜豆是水果、洋菜冻与红豆加糖浆，麻糬是包馅的糯米点心，Short-Cake是日式草莓蛋糕，Roll-Cake是蛋糕卷，而戚风蛋糕是内部有许多空气的蛋糕。

矛盾的是，日式糕点很甜，而西方的糕点却执着于清淡的口味。

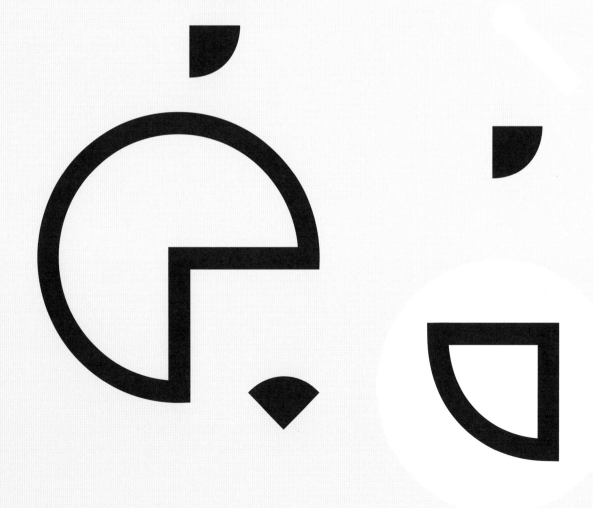

御手洗团子

份量：5串团子
准备：15分钟
烹饪：10分钟

100克的糯米粉（在超市内就买得到）
150克的嫩豆腐

御手洗蘸酱
120毫升的水
40克的蔗糖
3汤匙的酱油
1汤匙的味醂
1汤匙的马铃薯粉

用手把豆腐压碎，跟糯米粉搅拌，并揉成平滑的粉团。将粉团揉成长棍状，平分成20份，再揉成一颗颗的小丸子*。用开水煮丸子，当丸子浮上水面时，继续煮2分钟。把丸子捞出来，放在冷水里，让丸子冷却。丸子沥水后，用竹签串起来，每串4个。把丸子串放在烤架上（用烤肉炉或瓦斯炉都可以），表面烤一下。如果没有烤架，也可以放进没有油的平底锅里，用大火干烤。

准备酱汁。将酱汁所有的材料倒进锅里，以中火加热，同时用木锅铲搅拌。煮开之后转小火，不要停止搅拌，再多熬1分钟，酱汁会变得浓稠透明。把丸子放进酱汁里滚动，让每个部分都蘸到酱汁。

✳制作小丸子图解

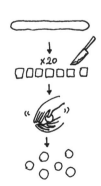

日式麻糬（大福）

份量：8个麻糬
准备：30分钟
烹饪：1小时15分钟

200克的红豆沙馅*
3汤匙的熟红豆（见110页）
100克的糯米粉
60克的糖
1咖啡匙的细盐
150毫升的水
马铃薯粉

把红豆沙馅分成8份，利用2把汤匙做成小球状。摆在盘子上，放进冰箱里备用。将糯米粉、糖、盐和水放进1个微波炉专用的碗里，拌匀之后放进微波炉里，用600W的强度加热2分钟。拿出来，用湿的刮刀搅拌之后，再放回微波炉，用600W的强度加热40秒—1分钟。这时糯米团已经变得透明。把煮熟的红豆拌进糯米团里。在大托盘中洒上马铃薯粉，托盘的表面要完全被粉覆盖。把糯米团摆在托盘上，上面再洒一些马铃薯粉。用切面团的工具将糯米团切成8等份。小心烫伤，因为必须趁糯米团还热的时候进行这个步骤。将红豆沙馅从冰箱里拿出来。用手把1块糯米团拉开，大小要足够把馅包进去。把这块糯米团放在手掌心，拨掉多余的马铃薯粉，将1个红豆沙馅球摆在中间，再把糯米团的边缘收拢捏紧。把做好的麻糬放在洒了马铃薯粉的盘子上，封口朝下。重复同样的步骤制作其他的麻糬。

按理说，做这道点心传统上是使用黑豆沙馅的。因为黑豆沙馅不容易买到，于是只能用红豆沙馅代替。

＊红豆沙馅
煮熟的红豆压碎后再用纱布
过滤，可以得到豆沙

白巧克力抹茶蛋糕

份量：1个长条蛋糕（19厘米×9厘米×8厘米的蛋糕模）

准备：15分钟

烹饪：40分钟

3个鸡蛋

跟鸡蛋重量相等的糖

跟鸡蛋重量相等的面粉

跟鸡蛋重量相等的奶油

½小包的发酵粉

1汤匙的抹茶粉

70克的白巧克力碎

蛋糕模需要的奶油与面粉

让奶油变软，但不要融化。奶油和糖以电动打蛋器打5分钟，打到变成乳泡状。把蛋一个个加进去，每放一个蛋就先用打蛋器打匀，再放入另一个蛋。加入筛过的面粉和发酵粉。加入抹茶粉增添香气。用刮刀搅拌这些材料。加入白巧克力碎。蛋糕模先抹过奶油和面粉，再把拌好的面糊倒进去。放进烤箱，以170℃烤40分钟。如果蛋糕烤熟了，把刀戳进蛋糕里再抽出来，刀刃应该是干的。

蜜豆

份量：4人份
准备：30分钟
烹饪：1小时20分钟

洋菜冻

500毫升的水
2咖啡匙的洋菜粉
1汤匙的白糖

⅔杯的生红豆
2撮粗盐
200克的红豆粒馅*
1个剥好的橘子
4颗罐头樱桃
4颗御手洗团子（见104页）
¼个苹果
4汤匙的黑糖浆（见134页）

把洋菜粉和水放进锅里用中火加热，同时用木头锅铲一直搅拌。沸腾之后，继续加热搅拌2分钟。加糖，等糖融化之后就熄火，把材料倒进方形的模子（边长15厘米）或者金属容器里。在室温下放凉，然后摆进冰箱里。等洋菜凝固成果冻状，就从模子里倒出来，切成1厘米见方的小丁。

把红豆放进锅里，加水进去，让水量盖过红豆。用大火把水煮开，然后把水倒掉。重复加水煮开、把水倒掉的步骤。到第三次水煮开时，加入2撮粗盐，然后转小火，继续煮50分钟左右。在煮红豆的过程中，水量要能够盖过红豆，有必要

＊红豆粒馅
仍保留了完整颗粒的红豆馅

时可以加水。当红豆煮软了（用2根手指就可以轻易压碎），就可以熄火沥水。准备好黑糖浆（见134页）。按照104页的作法来制作御手洗团子，不过份量减少为¼。做成直径1.5厘米的小小丸子，而且不用烤。将¼份量的苹果切成4片，去子。

准备4个小碗，在每个碗里放进¼份量的洋菜冻、50克的红豆粒馅、1汤匙的红豆、大约¼份量的橘子、1片苹果和1个丸子。淋上1汤匙的黑糖浆。最后摆上1颗樱桃。

传统上这道点心用的是小红豆，如果没有小红豆，可以用大红豆来取代。

铜锣烧

份量：8份铜锣烧
准备：10分钟
放置：30分钟
烹饪：每批松饼需要约5分钟

3个鸡蛋
140克的糖
1汤匙的味醂
1汤匙的蜂蜜
1汤匙的小苏打＋3汤匙的水
180克的糕饼用面粉
3汤匙的水
400克的红豆粒馅*
葵花子油

将小苏打和3汤匙的水调匀。在搅拌钵里打蛋，加入糖、味醂和蜂蜜，用搅拌器搅拌后，加入小苏打拌匀。加入面粉，用刮刀拌匀。让面糊放置30分钟后，再加入3汤匙的水，充分搅拌均匀。用中火加热平底锅，锅热了以后转小火，用餐巾纸在锅面上抹好油。将⅔勺的面糊倒进平底锅里，做成直径大约9厘米的松饼。当面糊表面冒出泡泡，并开始收干时，将松饼翻面，再加热1分钟。用同样的方法制作16个松饼。如果平底锅够大，可以一次性制作好几个松饼。将做好的松饼立刻用保鲜膜盖起来，以免干掉。用2块松饼夹50克的红豆馅，做成铜锣烧。

＊红豆粒馅
仍保留了完整颗粒的红豆馅

焦糖布丁

份量：4个布丁
准备：15分钟
烹饪：13分钟

4个鸡蛋
380毫升的牛奶
50克的蔗糖
¼根香草
½汤匙的葵花子油

焦糖糖浆
70克的白糖
3汤匙的冷水＋1汤匙的热水

备妥4个可以承受蒸气加热的小容器作为布丁杯。先在杯里抹油，之后要把布丁倒出来时会比较容易。在小锅里将冷水和糖煮开后，再多煮几分钟，直到糖浆开始出现焦糖色。熄火，加入1汤匙热水拌匀。把糖浆倒入杯里，放凉之后摆进冰箱，让糖浆凝固。在搅拌钵里打蛋。用刀把香草荚割开，把里面的子刮出来。把香草和牛奶放进锅里，加糖，用中火加热，当牛奶开始冒泡泡时就熄火，把热牛奶慢慢地倒在蛋汁上，一边倒一边搅拌。将鸡蛋牛奶透过滤网倒进布丁杯里。在大锅里将水煮开。把布丁杯摆进蒸笼里，再将蒸笼架在开水上方。将蒸笼盖住，转小火，继续蒸10—11分钟。熄火后，让布丁留在盖住的蒸笼里冷却。10分钟后，取出布丁放进冰箱里。食用前，拿薄刃刀沿着布丁周围划一圈。将小碟子倒扣在布丁杯上，然后将碟子和杯子倒过来，就可以取出布丁。

咖啡蛋糕卷

份量：8人份
准备：30分钟
烹饪：11分钟

方形烤模或27厘米×27厘米的烤盘

面糊

50克的45号面粉
50克的糖
3个鸡蛋
2汤匙的速溶咖啡粉＋2汤匙的热水

鲜奶油与装饰

200毫升的鲜奶油
2汤匙的糖
1汤匙的速溶咖啡粉＋1汤匙的咖啡酒
3汤匙的杏仁果
巧克力碎

在烤模上铺一层烤盘纸。预热烤箱到180℃。用热水溶化咖啡粉。面粉过筛。将蛋黄和蛋白分开。把蛋黄和40克的糖放进搅拌钵，用电动打蛋器以中速打成白色泡沫状。加入一半的面粉。用刮刀来搅拌面糊，直到看不出面粉颗粒为止。加入剩下的面粉，用同样的方式搅拌，直到面粉完全拌匀。将蛋白和10克的糖放进碗里，用电动打蛋器以中速打成挺立的蛋白霜。把⅓份量的蛋白霜加进面糊里，用打蛋器充分搅拌均匀。重复同样的步骤，再把⅓份量的蛋白霜加进去拌匀。将最后⅓份量的蛋白霜加进去，用刮刀轻轻搅拌，直到颜色完全一致为止（看不到蛋白霜的白色），同时注意不要让打

发的蛋白塌下来。把面糊倒进烤模里。为了让面糊的表面平坦，将烤模稍微倾斜几厘米，让里面的空气排出。放进烤箱里烤11分钟。用手指轻压，如果有弹性，就表示烤熟了。将蛋糕从烤箱中取出，盖上保鲜膜，等它冷却。将蛋糕连同烤盘纸从烤模里取出，把纸剥离但不要拿掉，之后做蛋糕卷时用得着。

在1个大碗里放些冰块，中间再摆1个碗，放入鲜奶油、咖啡粉、咖啡酒和糖，将所有的材料打成泡沫状。用刮刀将½份量的发泡鲜奶油抹在蛋糕上，靠自己这边的蛋糕多抹一些，另一边少抹一些。把烤盘纸掀起来，让蛋糕紧密地卷在一起。用保鲜膜把蛋糕卷包起来，放进冰箱1个小时，让蛋糕卷成形。把蛋糕卷拿出来，将剩下的发泡鲜奶油抹在上面，用叉子刮出一些波纹，粘上杏仁果，再洒些巧克力碎片做为装饰。

（译者注：作者没有说明蛋糕何时加入咖啡。应该是在蛋黄和糖打匀，还没加入面粉之前，就要把咖啡加进去。本书中的45号面粉，是法国对于面粉的区分标号。读者可以用常见的低筋面粉代替。）

日式草莓蛋糕

份量：6人份
准备：40分钟
烹饪：30分钟

1个直径18厘米的烤模

面糊

80克的45号面粉
⅛咖啡匙的发酵粉
3个鸡蛋
80克的白糖
1汤匙的牛奶
20克的奶油

糖浆

100毫升的水
50克的白糖
1汤匙的樱桃酒

装饰

1盒草莓（300克）
300毫升的鲜奶油
30克的糖

在烤模上铺一层烤盘纸。将发酵粉和面粉筛过之后混合。将牛奶和奶油隔水加热融化。预热烤箱到160℃。在搅拌钵里打蛋，用电动打蛋器以低速打30秒。加入一半的糖，再打30秒。加入剩下的糖，把转速提升到中速，打3分钟左右。再把转速提升到高速，打2分钟。这时蛋汁应该已变成有弹性的泡沫状。换成一般的打蛋器，继续打2分钟。加入一半的面粉。用刮刀来搅拌面糊，直到看不出面粉颗粒为止。加入剩下的面粉，用同样的方式搅拌，直到面粉完全拌匀（注意不要让打发的蛋塌下来）。一点一点地将奶油和牛奶加进去，以同样的方式搅拌均匀。把面糊倒进烤模里。把烤模倾斜几厘米，让里面的空气排出。放进烤箱以160℃烤30—35分钟。当蛋糕烤好了，再把烤模倾斜2次，让里面的空气排出。立刻把蛋糕取出，放在烤架上冷却。等蛋糕凉了，就横切成上下2片圆形。

准备制作糖浆。将水和糖放在小锅里用中火加热，等糖完全溶解就熄火。加入樱桃酒，放凉备用。在1个大碗里放些冰块，中间再摆1个碗，放入鲜奶油和糖。用打蛋器打成不太结实的发泡鲜奶油，准备抹在蛋糕上。保留8颗完整的草莓，其他的草莓切成0.7厘米的圆形薄片。将⅔份量的糖浆抹在蛋糕的2个切面上。在其中一层蛋糕上涂抹5—6汤匙的发泡鲜奶油，将草莓切片摆上去，再抹上4汤匙的发泡鲜奶油。把另一层蛋糕叠上去。将糖浆抹在表面上，再将发泡鲜奶油抹在蛋糕的表面和侧面。把剩下的发泡鲜奶油打到更结实，装进裱花袋里，在蛋糕表面上挤花装饰，并摆上草莓。将蛋糕冷藏，以免鲜奶油融化。

戚风蛋糕

份量：1个直径17厘米的中空烤模
准备：20分钟
烹饪：30分钟

蛋黄部分

4个蛋黄
30克的白糖
65毫升的牛奶
55毫升的葵花子油
70克的45号面粉

蛋白霜

4个蛋白
60克的白糖

将蛋白和蛋黄分开。预热烤箱到180℃。将蛋黄和糖放进搅拌钵里，用打蛋器一直打到变白为止。将牛奶一点一点加进去，一边倒一边搅拌。以同样的方式把油加进去。加入面粉，用刮刀搅拌均匀。准备制作蛋白霜。用电动打蛋器以中速将蛋白打成泡沫状。加入一半的糖，并将搅拌器提升到高速。当蛋白开始膨胀起来，加入剩下的糖继续打，一直打到蛋白霜能够形成结实的尖锥。将⅓份量的蛋白霜加进面糊里，以打蛋器从底下往上充分搅拌。再加入⅓份量的蛋白霜并重复相同的步骤。将最后⅓份量的蛋白霜加进去，以刮刀从底下往上轻轻搅拌，直到颜色完全一致为止，同时注意不要让打发的蛋白塌下来。将面糊倒进烤模里。请注意，烤模不可以抹奶油或面粉。放进烤箱，以180℃烤30分钟左右，在这段期间内不可以把烤箱打开。用刀尖戳一下蛋糕，如果没粘到面糊，就是烤熟了。将烤模取出，倒过来套在1个瓶子的瓶颈上，瓶子事先装满水，以免倾倒。这个步骤可以避免蛋糕塌陷。等蛋糕冷却后，用刀刃细长的刀在蛋糕边缘划一圈，将蛋糕从烤模中取出。品尝时可搭配发泡鲜奶油或香草冰淇淋。

日式可丽饼卷

份量：8份可丽饼
准备：20分钟
放置：1小时
烹饪：每张饼需要2分钟

可丽饼面糊
100克的45号面粉
20克的糖
2个鸡蛋
250毫升的牛奶
15克的低盐奶油

发泡鲜奶油
30毫升的鲜奶油
15克的白糖

配料
8汤匙的蓝莓果酱
8个香草冰淇淋球
16根巧克力卷心酥
8颗草莓
葵花子油

将草莓洗干净并切成4等份。奶油融化备用。将糖和鸡蛋放进搅拌钵里，并直接将面粉筛进去，用打蛋器充分搅拌。加入融化的奶油和牛奶，一边倒一边搅拌。把拌匀的面糊放进冰箱里至少1个小时。准备制作发泡鲜奶油。把空气打进鲜奶油里（使用大型打蛋器的效果比较好）。当鲜奶油开始膨胀起来，加入糖继续打，直到鲜奶油变成结实的泡沫状。用餐巾纸在平底锅上抹一点油。平底锅热了之后，将1小勺面糊倒进锅里，并使面糊摊开。当饼的边缘熟了，表面也开始收干（大约1分钟之后），将饼翻面，继续煎1分钟。

在每块可丽饼上，将⅛份量的发泡奶油、2块草莓和1个冰淇淋球摆在⅛的表面上（V字型），并将有配料这一侧的饼皮边缘反折2厘米（让冰淇淋露出来）。将饼卷成圆锥状，加上2根卷心酥、1汤匙蓝莓果酱和2块草莓做为装饰。用纸将可丽饼包起来。

可丽饼店

在东京，可丽饼被改造得色彩缤纷。以大量的发泡鲜奶油、水果、冰淇淋和巧克力作为配料，绝对称不上是轻食，不过看起来非常卡哇伊，女生就是喜欢！

冰淇淋

份量：4人份
准备：15分钟
烹饪：5分钟
放置：3小时

✳红豆粒馅
仍保留了完整颗粒的红豆馅

黑芝麻冰淇淋

200毫升的鲜奶油
70毫升的鲜奶
2个蛋黄
40克的黑芝麻酱
75克的白糖

在碗里将鲜奶油打到发泡。在搅拌钵里放入蛋黄和糖，用打蛋器一直打到变成白色泡沫状为止。在锅里以中小火加热牛奶和黑芝麻酱，一边加热一边搅拌。在滚沸之前就熄火，将黑芝麻牛奶一点一点倒进蛋黄里，一边倒一边搅拌均匀。加入鲜奶油，充分搅拌均匀。将所有的材料倒入冰淇淋制造机里，按照机器的说明书来操作。如果没有冰淇淋制造机，就把所有的材料倒进金属容器里，放进冰箱冷冻3小时。在冷冻期间，用叉子快速搅拌冰淇淋。重复这个步骤3次。

抹茶冰淇淋

200毫升的鲜奶油
100毫升的鲜奶
2个蛋黄
1½汤匙的抹茶粉
75克的白糖

在碗里将鲜奶油和抹茶粉混合并打成发泡状。在搅拌钵里放入蛋黄和糖，用打蛋器一直打到变成白色泡沫状为止。在锅里以中小火加热牛奶，在滚沸之前就熄火，将牛奶一点一点倒进蛋黄里，一边倒一边搅拌均匀。加入鲜奶油，充分搅拌均匀。将所有的材料倒入冰淇淋制造机里，按照机器的说明书来操作。如果没有冰淇淋制造机，就把所有的材料倒进金属容器里，放进冰箱冷冻3小时。在冷冻期间，用叉子快速搅拌冰淇淋。重复这个步骤3次。

红豆冰淇淋

200毫升的鲜奶油
100毫升的鲜奶
2个蛋黄
75克的白糖
200克的红豆粒馅✳

在碗里将鲜奶油打到发泡。在搅拌钵里放入蛋黄和糖，用打蛋器一直打到变成白色泡沫状为止。在锅里以中小火加热牛奶。在滚沸之前就熄火，将牛奶一点一点倒进蛋黄里，一边倒一边搅拌均匀。加入鲜奶油和红豆粒馅，充分搅拌均匀。将所有的材料倒入冰淇淋制造机里，按照机器的说明书来操作。如果没有冰淇淋制造机，就把所有的材料倒进金属容器里，放进冰箱冷冻3小时。在冷冻期间，用叉子快速搅拌冰淇淋。重复这个步骤3次。

雪酪

紫苏雪酪

份量：4人份
准备：15分钟
烹饪：3分钟
放置：3小时

140克的白糖
300毫升的水
30克的姜泥
4片紫苏
1颗有机柠檬，榨汁
1汤匙的蛋白

将糖、姜泥和水放进锅里，用中火加热使糖溶解。用滤网把姜的纤维滤掉，然后让姜糖水在室温下冷却。用厨房搅拌器将紫苏叶、柠檬汁、蛋白和姜糖水充分搅拌均匀。将所有的材料倒入冰淇淋制造机里，按照机器的说明书来操作。如果没有冰淇淋制造机，就把所有的材料倒进金属容器里，放进冰箱冷冻3小时。在冷冻期间，用叉子快速搅拌雪酪。重复这个步骤3次。

如果不喜欢太绵密的口感，就用手工制作，不要用冰淇淋制造机。

柚子雪酪

份量：4人份
准备：15分钟
烹饪：3分钟
放置：3小时

100克的白糖
300毫升的水
100毫升的柚子汁
50毫升的梅子酒 *
50克的蜂蜜
1片吉利丁（约17克）

先将吉利丁泡水。在锅里放入糖和水，以中火加热使糖溶解。熄火，加入吉力丁、梅子酒、柚子汁和蜂蜜，放在室温下冷却。将所有的材料倒入冰淇淋制造机里，按照机器的说明书来操作。如果没有冰淇淋制造机，就把所有的材料倒进金属容器里，放进冰箱冷冻3小时。在冷冻期间，用叉子快速搅拌雪酪。重复这个步骤3次。

如果不喜欢太绵密的口感，就用手工制作，不要用冰淇淋制造机。

＊梅子酒

喝完再把梅子吃掉

地瓜烧

份量：大约8—10人份
准备：20分钟
烹饪：35分钟

400克的黄地瓜
40克的半盐奶油
50克的糖
2汤匙的炼乳
30毫升的鲜奶油
½个蛋黄

表层刷酱

½个蛋黄
1汤匙的鲜奶油

地瓜整个放进开水里煮到熟透，芯也变软（大约20分钟）。捞出地瓜，削去皮，切成几大块，跟奶油一起放进搅拌钵里。先用厨房搅拌器将地瓜压成泥，再加入糖、炼乳、鲜奶油和半个蛋黄（另外半个之后用得着），用刮刀将所有的材料搅拌均匀。烤箱预热到200℃。将另外半个蛋黄和1汤匙的鲜奶油拌匀。在烤盘上铺好烤盘纸。将地瓜泥做成长度约10厘米的梭状（参考右边的图片），摆在烤盘上，表面刷一层蛋黄鲜奶油。放进烤箱烤10—11分钟，直到地瓜表面出现美丽的焦黄色。

南瓜茶巾绞

份量：8个茶巾绞
准备：15分钟
烹饪：5分钟

300克的南瓜
2汤匙的栗子泥
1汤匙的蔗糖
1汤匙的抹茶粉
4汤匙的水
1汤匙的葵花子油

南瓜削皮去子，切成2厘米见方的小丁。将南瓜、水和油放进锅里，盖上锅盖，以小火煮5分钟，煮到南瓜完全熟透。用叉子将南瓜压成泥，加入糖和栗子泥搅拌均匀。另外取出⅛份量的南瓜泥，和抹茶粉拌匀。

从没有加抹茶粉的南瓜泥中，取出⅛，摆在边长15厘米的方形保鲜膜上，顶端再加上满满1咖啡匙的抹茶南瓜泥。将南瓜泥包成1个球，放在手掌上握一下，拿掉保鲜膜，1个茶巾绞就完成了。用同样的方式制作另外7个茶巾绞。

奶酪

FLANS

份量：4小杯
准备：10分钟
烹饪：3分钟

350毫升的全脂牛奶（最好是有机牛奶）
3汤匙的蔗糖
5克的吉利丁粉＋2汤匙的水

将吉利丁和水放进小碗里，让吉利丁吸收水分。将牛奶和糖倒进锅里，以小火加热，同时用汤匙搅拌，使糖溶解。在牛奶即将滚沸之前熄火，并加入吉利丁，搅拌使其融化。将所有的材料倒入您自己选择的杯子中。这里标示的份量适用于小杯。如果想装满大杯，就将份量加倍。先摆在室温下冷却，然后放进冰箱里冷藏30分钟让它凝固。

姜汁柠檬糖浆

准备：3分钟
烹饪：5分钟

50克的蔗糖
100毫升的水
½颗有机柠檬，切成0.5厘米厚的薄片
10片很薄的姜片＋4片作为装饰

将所有的材料放进锅里，用中小火加热5分钟，直到糖浆变得浓稠。熄火，让糖浆冷却。为每杯奶酪淋上1汤匙的糖浆，再摆上1片姜作为点缀。

黑糖浆

准备：2分钟
烹饪：3分钟

50克的红糖
20克的蔗糖
50毫升的水
1汤匙的蜂蜜
2薄片的姜

把姜片切成细丝。以小火加热，让红糖和蔗糖在水中溶解。等糖完全溶解了，就熄火并加入蜂蜜。放凉备用。为每杯奶酪淋上1汤匙的糖浆，再洒上1小撮姜丝作为点缀。

腌渍蓝莓

准备：5分钟

20颗蓝莓
1汤匙的蔗糖
1汤匙的樱桃酒
几片薄荷叶

将蓝莓用糖和樱桃酒腌渍5分钟。每杯奶酪上都摆好蓝莓，并以薄荷叶点缀。

这种做法同样适用于其他的当季水果，如草莓、无花果、哈密瓜。

糖果店

有些小商人继续经营着传统的糖果店。圆条状的金太郎饴是我的最爱。把这种糖果切成一段一段的，切面上会出现日本传说中的小男孩金太郎的脸孔。对小孩子来说，这真的很神奇。我不太清楚这种糖果是怎么制造的，不过显然脸孔的设计是将好几根长条糖聚集成一大束，然后将这一大束拉成细细的圆形长条。

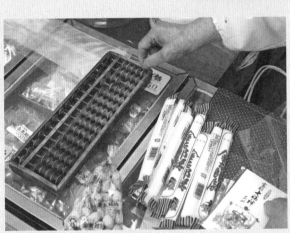

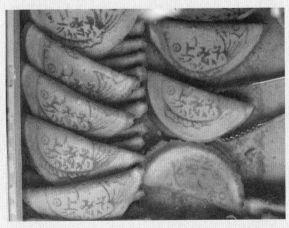

居酒屋

居酒屋是可以用餐的酒馆。日本人工作了一整天，会在夜晚光临居酒屋。每个人都可以在琳琅满目的菜单上找到满意的选择。鱼、肉、沙拉、汤和饭，以咸的和油炸的口味为主，每道菜的份量不多，装在小小的盘子里，适合搭配啤酒、清酒、烧酎（日本的蒸馏酒）或葡萄酒来享用。接下来就带您来认识一下这些小菜。

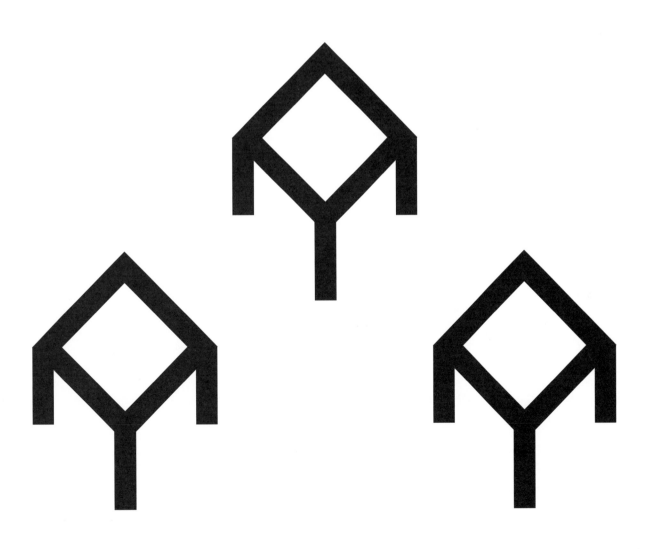

毛豆

份量： 4人份
准备： 1分钟
烹饪： 大约5分钟

4把冷冻毛豆*
3撮天然的粗盐

水里加2撮盐，煮开之后，将毛豆放进去，再煮5—6分钟（按照包装上的说明）。将毛豆沥水后放在碗里，洒1撮粗盐。毛豆就是尚未成熟的大豆。这道小菜的作法简单，而且非常适合当开胃菜。大部分情况下，毛豆都是用来下酒的，尤其跟啤酒是绝配。在居酒屋里，这是最受欢迎的小菜之一。

别忘了旁边多准备1个空碗。把豆荚里的豆仁挤出来吃，豆荚丢在碗里。

（译者注：在法国不容易买到新鲜毛豆，于是作者以冷冻毛豆当作材料。这2种毛豆实际烹饪的时间差不多。）

*毛豆

我们只吃豆仁

扬出豆腐

份量：4人份
准备：20分钟
放置：30分钟
烹饪：4分钟

250克的老豆腐（木棉豆腐）
50克的面粉
1段2厘米的白萝卜*
1段2厘米的姜，去皮
1根葱
葵花子油

酱汁

200毫升的柴鱼昆布高汤（见12页）
40毫升的味醂
25毫升的酱油
1咖啡匙的马铃薯粉
1汤匙的水

把白萝卜和姜磨成泥，装在不同的容器里备用。把葱斜切成3厘米的葱段。然后准备酱汁。将高汤、味醂和酱油放进锅里，以中火加热，等酱汁开了就转小火。将水和马铃薯粉放进小杯子里搅拌，直到粉完全溶解。注意，千万不能将马铃薯粉直接倒进锅里，因为它会马上结块，没办法跟酱汁混合。将马铃薯粉溶液倒进锅里，以小火加热并持续搅拌，等酱汁变得浓稠就可以熄火。将豆腐用2层餐巾纸包起来，上面摆个盘子压着，让豆腐脱水30分钟。将豆腐切成4等份。用餐巾纸将豆腐的表面擦干，并在上面洒面粉。在边缘足够高的锅里倒进3厘米高的油，以中火加热后，将豆腐下锅油炸，直到两面都出现焦黄色（大约3—4分钟的时间）。将豆腐摆在大盘子上，为每块豆腐淋上热热的酱汁。配上白萝卜泥、姜泥和葱段作为点缀。

*白萝卜（大根）

如果没有白萝卜，可以用黑萝卜代替。不过白萝卜的个头比较大，味道也更甜

炸春卷

份量：8卷（4人份）
准备：20分钟
烹饪：5分钟

8张春卷皮
16只大虾
1汤匙的清酒
1咖啡匙的麻油
胡椒
2厘米的姜
3厘米的韭葱
3根绿芦笋
1咖啡匙的蚝油
1汤匙的面粉
1汤匙的水
葵花子油

蘸酱

4汤匙的米醋
3汤匙的酱油

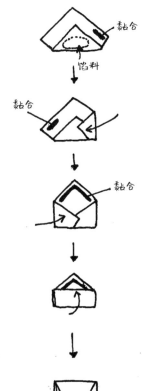

把虾的外壳全部剥掉，擦干水分，用清酒、麻油和胡椒腌10分钟。将韭葱和姜去皮并切成细丝。芦笋去皮后斜切成0.7厘米的小段。将以上的材料跟蚝油拌在一起。在小碗里将面粉与水调匀，用来黏合春卷。将春卷皮以45°角（菱形）摊开在眼前，横着摆上2只虾、3—4段芦笋（在中间偏下的位置），上面再放韭葱和姜丝。将春卷卷起来，用面粉浆粘住。在平底锅里倒入至少3厘米高的油，以中温（170℃）炸春卷，并且不时翻面。为了避免春卷叠在一起，有必要的话可以分成2批来炸。沥油后，趁热蘸酱汁食用。

在法国，包春卷用的是生米浆做的饼皮，但是在日本，我们用的是面粉浆做的饼皮，可以油炸。适合包春卷的饼皮通常称为"春卷皮"。

通心粉沙拉

份量：2人份
准备：20分钟
烹饪：大约7分钟（视通心粉的品牌而定）

100克的通心粉
½根小黄瓜
½片火腿
¼颗洋葱

调味料

1小罐油渍鲔鱼罐头（大约80克）
4汤匙的美乃滋
盐
胡椒

将通心粉煮熟（按照包装盒上的说明），放凉备用。沥掉鲔鱼罐头的油，用叉子将鲔鱼弄碎。将鲔鱼跟通心粉拌在一起，并洒上盐和胡椒。将小黄瓜切成很薄的圆形薄片，加1撮盐拌一下，放置5分钟。用手轻压小黄瓜，把多余的水分挤掉。把洋葱切成很薄的薄片，放进水里泡5分钟再捞出来沥水，可以缓和生洋葱的呛辣。将火腿切成长条。在食用前将所有的材料拌匀。

鲑鱼茶泡饭

份量：4人份
准备：10分钟
放置：1晚
烹饪：10分钟

2小片鲑鱼
1汤匙的天然粗盐
4碗日本米煮的饭（见10页）
2—3汤匙的绿茶粉，用300毫升的开水
在大茶壶里浸泡2—3分钟
2汤匙的白萝卜泥
山葵酱
1片海苔，切碎

鲑鱼先用盐腌过。两面都要抹盐，然后用保鲜膜包起来，在冰箱里放1个晚上。第二天将鲑鱼取出，放在烤架上烤熟（或者放进烤箱以180℃烤10分钟）。将鲑鱼肉弄碎。有必要的话再加盐（鲑鱼必须相当咸，做成茶泡饭才会对味）。

饭的处理方式跟牛肉茶泡饭一样。将饭盛进碗里，摆上鲑鱼、萝卜泥、山葵酱和海苔碎片。依照个人的喜好将绿茶准备好。如果有柴鱼昆布高汤，可以用来冲泡绿茶，让这道鲑鱼茶泡饭的滋味更好。不过，如果是牛肉茶泡饭，建议您采用焙茶，而且不要加柴鱼昆布高汤，因为牛肉的味道已经很重了。将热茶倒在饭上，趁热食用。

牛肉茶泡饭

份量：4人份
准备：15分钟
烹饪：15分钟

牛肉时雨煮
250克的薄片牛肉
4汤匙的清酒
4汤匙的酱油
2汤匙的味醂
3咖啡匙的蔗糖
1小撮柴鱼片
2咖啡匙的麻油

4碗日本米煮的饭（见10页）
2—3汤匙的焙茶（烘焙过的绿茶，颜色是棕色，咖啡因含量很少），以300毫升的开水在大茶壶里浸泡2—3分钟
1根细香葱，切成细葱花
2厘米的姜，去皮切成薄片

在小锅里先热麻油，再将每片牛肉分开来以中小火煎一下（以免牛肉片黏成一团）。加入时雨煮酱汁的所有材料，以中火继续拌炒，等酱汁收干了就可以熄火。牛肉时雨煮可以在冰箱里放1个星期。

将饭盛进碗里，饭最好是温的。如果使用冰箱里的冷饭，先将饭摆在滤网上，用热水轻轻冲洗一遍，让黏成一团的饭粒分开，或者将冷饭放进微波炉加热一下。这么做是为了避免冷饭硬硬的口感不佳。将牛肉时雨煮、1小撮姜片和葱花摆在饭上。依照个人的喜好将焙茶准备好。将热茶倒在饭上，趁热食用。

炸鸡块

份量：4人份
准备：10分钟
腌渍：30分钟
烹饪：6分钟

500克的去骨鸡腿肉或鸡胸肉
炸油
1颗有机柠檬

腌料

1个鸡蛋
1瓣大蒜，磨成泥
1段2厘米的姜，削皮磨成泥
1汤匙的麻油
1½汤匙的酱油
1咖啡匙的蔗糖
5汤匙的马铃薯粉
1咖啡匙的肉桂粉
胡椒

将鸡肉切成约4厘米见方的鸡块。将腌料的所有材料放进碗里，充分搅拌均匀，再把鸡块放进去腌，摆在凉爽的地方至少30分钟（可以在前一天晚上先将鸡块腌好备用）。在油炸之前，将鸡块和腌料仔细地重新拌匀（因为马铃薯粉会沉淀在碗底）。在平底锅里倒入5厘米高的油，以中大火加热到170℃，将鸡块和腌料下锅油炸（就像在炸甜不辣），炸5—6分钟，并经常翻面。当鸡块炸熟并出现美丽的焦黄色（用叉子戳一下鸡块，如果流出来的肉汁是清澈的，就是熟了），就捞出来放在餐巾纸上沥油。将柠檬汁挤在鸡块上，趁热享用。

酒蒸蛤蜊

份量：4人份
准备：10分钟
烹饪：3分钟
放置：1小时—1晚

1公斤的新鲜蛤蜊
盐
2—3根细香葱
1瓣大蒜，切碎
2汤匙的葵花子油
150毫升的清酒
1咖啡匙的酱油

把蛤蜊放在大碗里泡水。在水里加入1汤匙的盐，在冰箱里放1个小时甚至1晚，让蛤蜊吐沙。接下来，将蛤蜊冲水搓洗干净，沥水备用。在边缘比较高而且有锅盖的平底锅里开始热油，爆香大蒜。把蛤蜊放进锅里，再倒入清酒。盖上锅盖以大火加热。等蛤蜊都开了，就是熟了。加热的时间很短，小心不要蒸煮太久，顶多2—3分钟。加入酱油拌匀，洒上细香葱的葱花，就可以熄火了。

凉拌萝卜扇贝

份量：4人份
准备：15分钟
烹饪：5—8分钟

200克的扇贝肉
1汤匙的清酒
10厘米长的白萝卜*
1咖啡匙的天然细盐
¼颗有机柠檬，榨汁
1咖啡匙的酱油
4汤匙的美乃滋
1小段细香葱，切碎
现磨胡椒
几朵细香葱的花

白萝卜削皮后先切成0.2厘米厚的圆形薄片，再切成细细的萝卜丝，放进碗里，洒上盐拌匀。让白萝卜腌10分钟。用双手去压，把水分挤出来。将扇贝肉放进盘子里，淋上清酒，用保鲜膜盖起来，放进微波炉里，以600W的强度加热3分钟左右。将肉翻面，再加热2分钟。要确认肉都熟了。如果没有微波炉，将扇贝肉放在盘子上（为了留住肉汁），盘子放进蒸笼里，以中大火蒸10分钟。保留肉汁（非常重要），用手将肉剥成小块。将白萝卜、扇贝肉、肉汁、酱油、美乃滋和葱花全部混在一起拌匀，装进盘子里，再加上几朵细香葱的花作为点缀。洒上胡椒。

＊白萝卜

白萝卜跟黑萝卜是近亲，不过前者的个头比较大，味道也更甜

鞑靼鲔鱼

份量：4人份
准备：10分钟

400克非常新鲜的生鲔鱼
½片海苔
满满1咖啡匙的松子
1咖啡匙的芝麻粒
1咖啡匙的南瓜子
1小撮天然粗盐
莳萝、紫苏嫩芽（可选）

腌料

1瓣大蒜
1汤匙的清酒
1汤匙的味噌
1汤匙的酱油
2汤匙的蔗糖
2汤匙的米醋
2汤匙的麻油

鲔鱼切成约2厘米见方的小丁。将腌料的全部材料放进碗里充分拌匀。加入鲔鱼、撕成碎片的½片海苔以及½份量的果仁，一起拌匀。

将拌好的鲔鱼装进盘子里，洒上剩余的果仁，并加上香草和粗盐。

炖白萝卜
（风吕吹大根）

份量：4人份
准备：20分钟
烹饪：50分钟

⅓—½根白萝卜（视萝卜的大小而定）
1汤匙的日本米
1片10厘米×10厘米的昆布

味噌酱

4汤匙的味噌

4汤匙的味醂

1汤匙的蔗糖

1汤匙的清酒

1咖啡匙的酱油

1汤匙的柚子*汁

柚子皮，切成细丝

将白萝卜切成3厘米高的圆柱。把皮削掉，尖尖的边缘也切掉，让萝卜在炖煮时不容易裂开；接着在圆形切面上用刀划十字，让中心部分也能煮软。在长时间炖煮这类质地比较硬的蔬菜之前，往往会先进行切边和划十字这2个步骤。先把昆布放进锅里，再把萝卜摆上去，选个大的锅子，以免萝卜块叠在一起。加水覆盖住萝卜。当水煮开了，转小火继续炖40分钟。把味噌酱的所有材料放进小锅里，一边煮一边搅拌。当酱汁变得很烫时，把火力调到很小，再熬5分钟，同时继续搅拌。大碗里铺上昆布，摆上萝卜，淋一些汤汁，在每块萝卜上面加1汤匙的味噌酱，再洒上柚子皮。

做这道菜时也可以用香柠檬皮来取代柚子皮。

（译者注：作者没有交代米的用途。米应该要跟昆布、萝卜同时放下去煮。）

* 柚子

它的皮可用来增添
食物的香气

陶器

在这本书里出现的盘子，几乎都是日本工匠以手工制作的。制作陶器的技术代代相传。陶土、图案和色调，会因为产地的不同而各有差异。相较之下，工业化制造的陶器就缺乏手工的温润和独特性。

炸花枝

份量：4人份
准备：15分钟
烹饪：20分钟

400克的花枝，用水烫熟
3汤匙的马铃薯粉
200克的奶油瓜（南瓜）
植物油
细香葱的葱花
花椒
天然粗盐
¼颗有机青柠

腌料

2汤匙的酱油
1汤匙的清酒
½瓣大蒜，磨成泥
1咖啡匙的姜泥

如果您要亲自处理花枝，先把它洗干净，用大量的盐搓揉之后，再把盐冲洗掉。用刀把头部和触须切开。把头部的内脏拿掉。把触须仔细洗干净，用餐巾纸擦干。把花枝切成3厘米的小段（触须段可以更长）。将腌料的所有材料混合均匀，把花枝放进去腌15—20分钟。把腌花枝的酱汁沥掉，并用餐巾纸擦干（尤其触须更要沥干，以免油炸时溅油）。把花枝和马铃薯粉放进塑料袋里，将袋口封住，然后摇晃塑料袋，让每块花枝都蘸到粉。将奶油瓜削皮去子，切成长4厘米、宽1厘米的小块。在平底锅里倒入4厘米高的油，加热到170℃。先炸奶油瓜，等瓜炸熟了，捞出来放在餐巾纸上沥油。接下来炸花枝。在食用前洒上葱花、花椒和盐，并将青柠汁挤在上面。

关东煮

份量：4人份
准备：30分钟
烹饪：55分钟

汤

1.5升的柴鱼昆布高汤（见12页）
4汤匙的酱油
4汤匙的味醂
1咖啡匙的盐
12厘米长的白萝卜
4个水煮蛋
2块蒟蒻
4个中等尺寸的马铃薯
2块油豆腐（大约200克）
2盒鱼板*（大约200克）
4盒甜不辣**（大约150克）
日本黄芥末酱***

将白萝卜切成3厘米高的圆柱。把皮削掉（厚度0.3厘米），尖尖的边缘也切掉，让萝卜在炖煮时不容易裂开；接着在圆形切面上用刀划十字，让中心部分也能煮软。在水里煮20分钟后，捞出来沥水。将蒟蒻沿对角线切成两半，用刀在表面上轻轻划几条垂直线和水平线，使它在接下来的炖煮过程中更容易入味。将甜不辣和鱼板沿对角线切成两半。马铃薯削皮，在开水里煮15分钟。将所有的材料放进大锅里。汤煮开之后转小火，盖上锅盖继续炖40分钟。用碗来装关东煮，搭配日本黄芥末酱食用。

＊鱼板
很轻很软的
鱼浆食品

＊＊甜不辣
油炸过的
鱼浆食品

＊＊＊日本黄芥末酱
比法国芥末酱呛辣得多

鞑靼竹荚鱼

份量：4人份

准备：10分钟

2条非常新鲜的竹荚鱼（2条180克的鱼，总重量360克）
4片紫苏（买不到的话，可以用芫荽代替）
2厘米长的姜，削去皮
3根细香葱
满满1汤匙的味噌
1咖啡匙的酱油
1咖啡匙的初榨橄榄油

装饰

4片紫苏*

请鱼贩将竹荚鱼的头尾切掉，保留鱼身。把鱼皮剥掉，顺着鱼刺将鱼肉剖成两半，拿掉鱼刺，把鱼切成鱼片。把姜和细香葱切碎。把紫苏也切碎。将竹荚鱼、香草、姜和味噌摆在砧板上，用大菜刀一边剁，一边将所有的材料混在一起，成为鞑靼式肉泥。在碗里将剁碎的鱼肉和酱油、橄榄油拌匀。在每个盘子里摆1片紫苏做为装饰，然后把鞑靼竹荚鱼分配到各自的盘子里。

您可以用沙丁鱼来代替竹荚鱼。这道菜是日本渔夫在船上现做的料理，适合搭配新鲜爽口的清酒、啤酒或清爽够味的白酒。

＊紫苏
学名是 Perilla frutescens，
香味很重，是日本常
见的香草

烤香菇

份量：4人份
准备：5分钟
烹饪：10分钟

10朵新鲜香菇
天然粗盐
½颗有机柠檬或1个金桔，随个人喜好
（换成柚子或香柠檬也行，青柠又有何不可）
1汤匙的酱油
1段3厘米的白萝卜，磨成泥

将柠檬汁和酱油调匀。把香菇刷干净（不可水洗），去掉蒂头。以小火加热平底锅（如果平底锅带烤架更好）。把香菇的切口朝上摆进锅子里，以小火烤7分钟左右，不要翻面。

将烤好的香菇摆在盘子上，稍微洒一点盐（不要太多），附上萝卜泥，淋上调味汁。先直接吃香菇，再跟萝卜泥一起品尝。

腌芦笋

份量：4—6人份
准备：15分钟
烹饪：4分钟
放置：1分钟

1把绿芦笋

腌料

400—600毫升的柴鱼昆布高汤 (见12页)
1撮天然粗盐
1咖啡匙的酱油
1汤匙的味醂
初榨橄榄油

将盐、柴鱼昆布高汤、酱油和味醂调匀。准备1个有盖的盒子，让所有的芦笋都可以完整地摆进去（您也可以将芦笋切成喜欢的长度，但我偏好整根的芦笋）。将芦笋洗干净，下面硬的部分切掉，下半段的外皮削掉。在加了盐的开水里烫3—4分钟（让芦笋仍然有一点脆的口感）。将芦笋浸在冰水中冷却，可以维持美丽的鲜绿色。将芦笋取出，放在餐巾纸上吸水。将芦笋摆进盒子里，倒入腌料，让芦笋完全浸泡在里面。至少腌1小时。将芦笋摆在比较深的盘子里，把所有的腌料都倒进去，并加入一点橄榄油。

七味鸡翅

份量：4人份
准备：10分钟
烹饪：7分钟
放置：1小时

500克的鸡翅
1汤匙的天然粗盐
1瓣大蒜，磨成泥
2汤匙的清酒
½颗有机柠檬
七味粉*

先从腌鸡翅开始。将鸡翅和盐、清酒、蒜泥放在大碗里，用手揉捏拌匀。把鸡翅盖起来，在凉爽的地方放置至少1个小时。如果超过1个小时都无法冷却，就放进冰箱里。将鸡翅沿着骨头的方向切开。以中火将锅子加热之后，将鸡翅放上去烤，两面都要烤到焦黄（大约7分钟）。

将烤好的鸡翅摆在盘子上，直接把柠檬汁挤上去，再洒点七味粉。如果您喜欢，也可以洒盐。趁热食用（配啤酒一起吃更美味）。

*七味粉
混合了7种日本香料

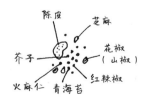

豆腐沙拉

份量：4人份
准备：15分钟
烹饪：1小时

1盒嫩豆腐（大约350—400克）

配料

¼根小黄瓜
¼颗紫洋葱
2条秋葵
任选几片生菜叶（红橡叶莴苣、芝麻叶、综合生菜叶……）
满满1汤匙的花生

酱汁

3汤匙的麻油
3汤匙的酱油
1汤匙的醋
1小瓣大蒜，磨成泥
1厘米的姜，去皮切碎

将豆腐从盒子里取出来沥水。把酱汁的全部材料拌匀。准备配料。生菜叶洗干净。秋葵放在加了盐的开水里煮1分钟后取出来沥水，再切成0.5厘米长的小段。紫洋葱切成细细的薄片。小黄瓜切丝。花生切成粗颗粒。把生菜叶铺在盘底，将豆腐整块或切成两半摆上去（视豆腐的大小而定）。将其他的配料洒在上面。最后才淋上酱汁。

凉拌猪肉薄片

份量：4人份
准备：20分钟
烹饪：10分钟

300克的猪肉薄片
½把茼蒿*（可以用菠菜的嫩芽代替）
2咖啡匙的麻油
1汤匙的烤芝麻粒
1段3厘米长的韭葱葱白

酱汁

4汤匙的酱油
3汤匙的米醋
2汤匙的蔗糖
2汤匙的麻油
1段2厘米长的韭葱葱白，切碎
2厘米长的姜，切碎
½瓣大蒜，切碎
1咖啡匙的豆瓣酱**

*茼蒿（春菊）
可食的菊属植物，
在市场里就可以
买到

**豆瓣酱
中国的调味酱，成份为辣
椒和发酵的豆子。您可以
用味噌和½咖啡匙的辣椒
来代替豆瓣酱

准备1锅水。将水煮开之后把火力转到最小（几乎看不出水面波动），猪肉片下锅去烫，注意不要黏在一起。肉片烫熟后（颜色完全变白）就熄火，捞出来沥水。把酱汁的全部材料拌匀。把茼蒿的叶子摘下来，洗净后沥水。韭葱切成细细的葱丝。先在碗里将茼蒿叶、麻油和芝麻粒拌匀。将茼蒿叶铺在盘底，肉片摆上去，再把韭葱丝洒在上面作为装饰。食用前淋上酱汁。

海藻沙拉

份量：4人份
准备：15分钟

10克的综合海藻（海带芽、羊栖菜、天草、布海苔等等，在日系超市或有机商店就买得到）
2厘米长的白萝卜
⅛根小黄瓜

<u>酱汁</u>
2汤匙的白芝麻酱
2汤匙的酱油
1汤匙的蔗糖
2汤匙的米醋
⅛颗有机柠檬，榨汁
1厘米的姜，削皮切碎
2汤匙的麻油

莳萝
烤芝麻粒

把干燥的综合海藻放进碗里，以大量的清水浸泡。按照包装上的说明等海藻吸水膨胀之后，沥水备用。白萝卜削皮后切成0.2厘米厚的圆形薄片，再切成0.3厘米宽的萝卜丝。小黄瓜剖成两半，再斜切成0.3厘米厚的薄片。先将酱汁的所有材料拌匀，再把海藻、白萝卜和小黄瓜加进去一起拌。把拌好的海藻分配到各人的碗里，食用前才淋上酱汁，并洒些莳萝和芝麻。

酥炸莲藕片

份量：4人份
准备：15分钟
烹饪：10—15分钟（重复油炸的步骤）

1段10—15厘米长的莲藕
1汤匙的米醋
天然细盐
葵花子油

莲藕削皮后，以厨房刨刀切成薄片。将莲藕片泡在1大碗水里，加入1汤匙的醋，这么做可以去除淀粉，使口感变得脆。浸泡10—20分钟后，取出沥水。将莲藕片放在餐巾纸上，上面覆盖另一层餐巾纸，尽可能将水分吸干。在平底锅里倒入3厘米高的油，加热到170℃，再将莲藕片下锅油炸，注意不要让它们叠在一起。炸的过程中要翻面2—3次，直到莲藕片染上一点焦黄色。炸熟的莲藕片表面会冒出一些小颗粒。取出来放在餐巾纸上沥油、洒盐。

鸡肉丸

份量：4人份
准备：15分钟
烹饪：10分钟

400克的鸡绞肉
1汤匙的酱油
1汤匙的味酥
2根葱，切成葱花
1段2厘米长的姜，磨成泥
1咖啡匙的麻油
⅓个鸡蛋
1咖啡匙的玉米粉
葵花子油

酱汁
50毫升的酱油
50毫升的味酥
1汤匙的蔗糖
1汤匙的蚝油
1瓣大蒜，拍碎
1个新鲜的蛋黄（可选）

把鸡绞肉、姜泥和葱花放进大碗里，充分搅拌揉捏，使绞肉的质地平滑均匀。加入剩余的材料搅拌均匀。把鸡绞肉揉成直径约2厘米的丸子，准备做成烤鸡肉串，或者揉成如同右图中比较大个的丸子（直径约4—5厘米）。在平底锅里热油，将鸡肉丸放进锅里，以中火煎烤至表面焦黄。将鸡肉丸翻面，盖上锅盖继续加热，直到中心部分也熟透。将事先拌匀的酱汁倒进锅里，转成大火，使酱汁变得浓稠。翻动锅里的肉丸，让每个部位都蘸到酱汁（动作要快，以免烧焦）。把大蒜挑掉。趁热食用。

烤鸡肉串

份量：4—6人份
准备：20分钟
烹饪：40分钟

2块去骨鸡腿肉
100克的禽肝
2汤匙的醋
100克的禽胗
竹签或木签

酱汁

100毫升的酱油
100毫升的味醂
1汤匙的糖
1汤匙的蚝油

把烤鸡肉串酱汁的全部材料倒进小锅里，以小火加热，使酱汁浓缩到只剩一半的量。小心，这种酱汁很容易烧焦！放在冰箱里可以保存3个星期。把鸡腿的筋拿掉，但是皮要保留，它是烤鸡肉串最可口的部位！把鸡腿切成1.5厘米×2厘米的肉块。在碗里以醋来清洗禽肝，洗净擦干后切成跟鸡块相同的大小。把禽胗也切成同样的大小。以竹签串起1块鸡肉，竹签末端保留1.5厘米的空隙，方便手拿，接着再串起3块鸡肉，成为肉串。以同样的方式将禽肝和禽胗串在竹签上。如果有瓦斯炉烤架或者烤肉炉，就把肉串摆上去烤，并且不时翻面。在肉串快要烤熟时，用刷子在表面刷一层酱汁。刷过酱汁后，把肉串留在烤架上继续烤，并且翻面数次（注意不要烤太焦）。如果没有烤架，就准备1个容得下肉串的大平底锅（或者把肉串缩短）。在锅里倒一点油，把肉串放进锅里以中火煎烤。在煎烤过程中不时翻面，就像在烤架上一样。当肉串熟了，把酱汁倒进锅里并稍候一下，等酱汁滚热了，才开始转动竹签使肉串蘸上酱汁（小心，这个步骤很容易烧焦）。

炸豆腐丸（飞龙头）

份量：4人份（大约8个丸子）

准备：25分钟

烹饪：7分钟

1块豆腐（大约400克）

4汤匙的马铃薯粉

¼颗洋葱

¼根胡萝卜

1个蛋黄

1汤匙干燥的羊栖菜*

1撮盐

1咖啡匙的酱油

葵花子油

酱油

2厘米长的姜，削皮磨成泥

把豆腐压成碎块。在滤网上铺几张餐巾纸，把豆腐碎块摆在上面脱水15分钟。趁这段时间，让羊栖菜泡水5分钟再沥干。把胡萝卜切成细丝，洋葱切成0.2厘米厚的薄片。把豆腐放进碗里，用叉子压成泥，再加入蛋黄、蔬菜、羊栖菜、马铃薯粉和调味料，充分搅拌均匀。在手上倒一点葵花子油（避免豆腐泥沾手），将豆腐泥做成直径约4厘米的丸子。用手掌轻压，使丸子的表面更平整。如果豆腐泥不容易成形，可以利用2把大汤匙帮忙塑形。在锅里倒入4厘米高的葵花子油，以中火加热到160℃。把丸子放进锅里油炸，直到两面都变成焦黄色（大约6—7分钟）。将丸子放在餐巾纸上沥油。蘸一点酱油和姜泥，趁热食用。

选择一般的豆腐，或是日本超市里的木绵豆腐。避免使用嫩豆腐，因为含水分太多，不适合做这道菜。如果是在有机商店买到的老豆腐，可以省略脱水的步骤。

（译者注：如图可撒些葱丝，颜色更美。）

*羊栖菜

像细面条的黑色海藻，富含矿物质

居酒屋

日本社会的压力特别大。由身份、性别、年龄所加诸的各种规范，构成了重重的限制。藉由酒精，人们终于能够放松，不再讲究这些规范。因此对于日本人来说，居酒屋是不可或缺的场所。

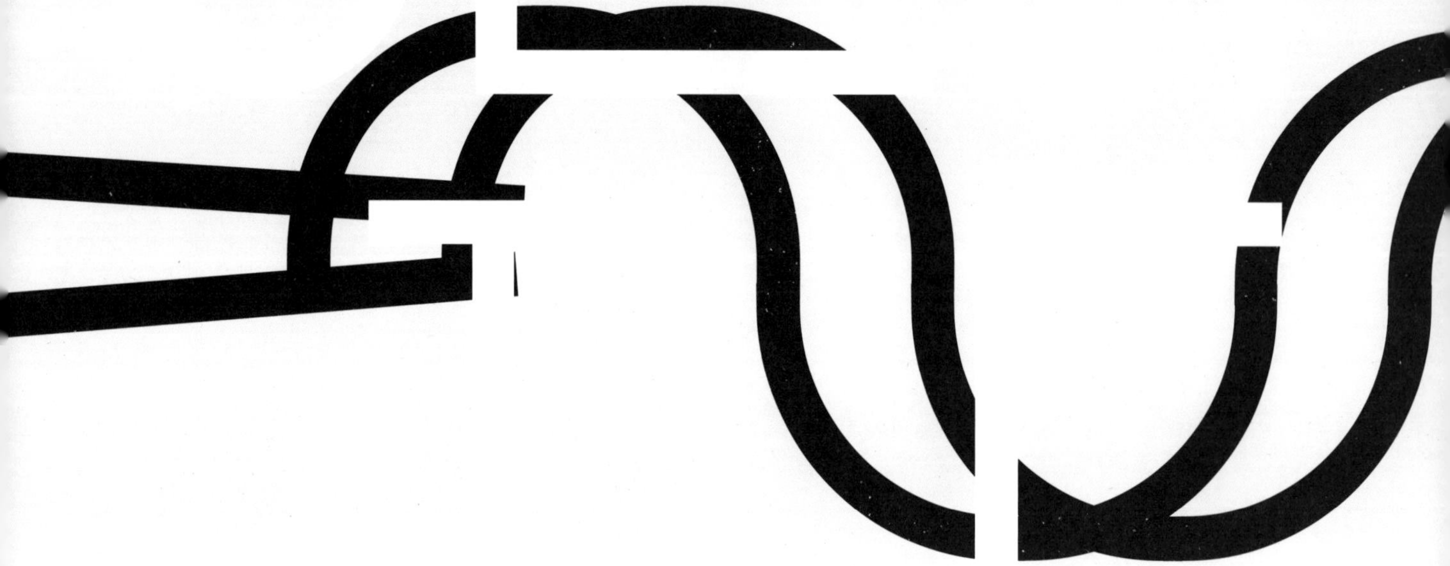

家常菜

对于日本人来说，跟家人共享美食是一件很重要的事。在日常生活中，跟家人用餐时会吃沙拉、炖肉或炸肉排、腌渍鱼或煮鱼，有时候也会全家人围坐共享桌上的食物，例如火锅，或者鼎鼎大名的寿司，不过是家常作法的寿司。

白菜猪肉煎饺

份量：6人份（每人4—5个）

准备：30分钟

烹饪：10分钟

1盒饺子皮（25—30片）

馅料

200克的猪胸绞肉

1颗洋葱

⅛颗大白菜，切成小块
（或者4片高丽菜）

2咖啡匙的盐

2厘米长的姜，削皮细细切碎

1瓣大蒜，切碎

1汤匙的清酒

1汤匙的麻油

1汤匙的蚝油

1汤匙的酱油

胡椒

葵花子油和麻油

蘸酱

6汤匙的酱油

6汤匙的米醋

1咖啡匙的糖

1汤匙的麻油

把洋葱切碎。大白菜切成小块，洒点盐拌一下，先在碗里放10分钟让它出水，再用双手压，把水分挤掉。如果用的是高丽菜，先在加盐的开水里烫2分钟，再将高丽菜切成小块，用双手压，把水分挤掉。在1个大碗里放入绞肉、酱油、清酒、麻油、蚝油和胡椒，搅拌揉捏3分钟，然后加入其他的馅料，充分搅拌均匀。

准备包饺子。把1咖啡匙的馅料放在饺子皮中间，手指蘸水沿着饺子皮的边缘抹一圈。将饺子皮对折，左手的拇指和中指托住饺子的底部，将饺子皮的边缘捏合。从一端开始，在边缘约1厘米处，以2根食指捏出S形，重复捏几次S形，直到另一端为止，饺子就完全黏合了。把包好的饺子放在盘子上，稍微压一下，让饺子的底部可以站得住。如果嫌麻烦，直接将饺子对折，边缘捏合就行了，反正味道是一样的！

把蘸酱的所有材料拌匀，放在凉爽处备用。开始煎饺子。在平底锅里加热麻油和葵花子油（2种油各1汤匙），让整个锅面都覆盖一层油。将饺子放进锅里排好，用中火煎。等饺子底部焦黄了，倒入300毫升的水，盖上锅盖，维持中火，继续加热7分钟左右。掀掉锅盖，让锅里的水分蒸发。拿盘子倒扣在平底锅上，将锅子和盘子同时倒过来，饺子煎过的一面就会朝上。蘸酱汁趁热食用。

（译者注：法国的高丽菜，叶片很厚而且硬，所以需要先烫过。）

包饺子

01

02

04

03

05

饺子（续篇）

炸芫荽羊肉饺

份量：6人份（每人4—5个）
准备：30分钟
烹饪：10分钟

1盒饺子皮（25—30片）

馅料

300克的羔羊绞肉
1颗紫洋葱，切成小丁
½把芫荽，切碎
1瓣大蒜，切碎
2厘米长的姜，削皮切碎
2汤匙的酱油
1咖啡匙的鱼露
1撮蔗糖
1汤匙的麻油

蘸酱

100克的小西红柿，切碎
1瓣红葱头，切碎
½把芫荽
½颗有机青柠，榨汁
4汤匙的鱼露
2汤匙的橄榄油
½瓣大蒜，切碎
⅓咖啡匙的红辣椒粉
炸油

将馅料的全部材料充分搅拌揉捏至少3分钟。以包白菜猪肉饺相同的手法来包饺子。将蘸酱的全部材料放进碗里拌匀，放在凉爽处备用。在锅里倒入至少4厘米高的油，加热到170℃。将饺子下锅，油炸8分钟，并且不时翻面。将炸好的饺子放在餐巾纸上沥油。蘸酱汁趁热食用。

茴香豆腐虾仁蒸饺

份量：6人份（每人4—5个）
准备：30分钟
烹饪：10分钟

1盒饺子皮（25—30片）

馅料

200克的大虾
100克的豆腐
½颗小茴香，切碎＋1咖啡匙的盐
1根葱，切成葱花
1汤匙的马铃薯粉
1汤匙的蚝油
1撮盐
1汤匙的麻油
胡椒

蘸酱

5汤匙的酱油
5汤匙的黑醋
1汤匙的麻油
3厘米长的姜，削皮切成细细的姜丝

准备馅料。把豆腐用餐巾纸包起来放在盘子里，上面压1块板子，板子上放1碗水增加重量。让豆腐以这种方式脱水30分钟。把虾的壳和头剥掉，虾肉用菜刀剁成虾泥。将小茴香切碎，加盐拌一下，放10分钟让它出水，然后用双手压，把水分挤掉。将包裹豆腐的餐巾纸拿掉，在碗里用手将豆腐压碎，再拌入馅料的所有材料。以包白菜猪肉饺相同的手法来包饺子。将蘸酱的全部材料放进碗里拌匀，放在凉爽处备用。将蒸锅加热，或者将1锅水加热，锅子上架着竹蒸笼（对于蒸的烹调方式来说，蒸笼很好用）。事先在蒸笼里铺一层烤盘纸，以免饺子被黏住，将饺子放进蒸笼时，彼此之间也不要碰到。以中火蒸8分钟。把蒸笼端上桌，直接夹饺子配蘸酱食用。

（译者注：在法国，说到小茴香这种食材，指的是球茎的部位，不是叶子。）

姜烧猪肉

份量：4人份
准备：20分钟
烹饪：15分钟

600克的猪胸肉片（厚度0.5—0.7厘米）

腌料

2汤匙的清酒
1汤匙的糖
1汤匙的味醂
2½汤匙的酱油
3厘米长的姜，磨成泥

¼颗高丽菜
1颗有机柠檬，切成4等份
植物油

将腌料的所有食材放进碗里拌匀，再把猪肉放进去腌15分钟。用厨房刨刀将高丽菜切成细丝，分成4份摆在4个大盘子里，旁边各放¼颗柠檬。以大火加热平底锅里的油，把猪肉放进锅里翻炒2—3分钟，两面都炒到焦黄。小心，猪肉很容易烧焦，如果火力太强，就转成中火。把腌料倒进锅里，跟猪肉一起拌炒，当腌料开始呈现焦糖状，猪肉也都蘸上腌料，就可以熄火。把猪肉摆在高丽菜丝的旁边，锅里的腌料淋在上面，如果喜欢，也可以把柠檬汁挤上去，趁热食用。

蛋包饭

份量：4人份

准备：20分钟

烹饪：15分钟（1人份）

4碗饭（大约800克，见10页）
100克的去骨鸡腿
½颗洋葱
4朵蘑菇（洋菇）
4汤匙的西红柿酱
1汤匙的植物油
1小块奶油
胡椒
盐

煎蛋

8个鸡蛋
奶油

把鸡腿切成2厘米见方的鸡丁。洋葱切成小块。蘑菇切成0.5厘米厚的片状。在锅里放入植物油和奶油，以中火加热让油融化。先把洋葱和鸡块炒熟，再把蘑菇加进去炒。把饭也加进去炒。如果饭黏成一团，就一直炒到饭粒松开变热为止。把西红柿酱倒进去拌，让饭粒都能蘸到酱。按照个人口味加盐和胡椒。把炒好的饭放进大碗里备用。分批制作4份煎蛋。每份煎蛋要打2个鸡蛋，加1小撮盐。以中火加热平底锅，放入1小块奶油。将打散的蛋倒进锅里，让蛋汁快速摊开，成为薄而平的煎蛋。把火力转小，将¼份量的蕃茄酱炒饭倒在蛋的中间，然后用蛋把饭包起来。以同样的方式完成另外3份蛋包饭。将蛋包饭盛进盘子里，淋上蕃茄酱，即可食用。

腌渍炸蔬菜

份量：4人份
准备：20分钟
烹饪：15分钟
放置：2小时

1根茄子
2根芦笋
⅛个栗子南瓜
1个红椒
1段3厘米长的莲藕
葵花子油

腌料
200毫升的柴鱼昆布高汤（见12页）
90毫升的酱油
50毫升的味酥
50毫升的米醋

把腌料的所有材料倒进大碗里拌匀（之后的炸蔬菜也会浸在里面）。将茄子切成大段（3.5厘米长），放进盐水里浸5分钟。茄子就跟海绵一样，为了避免它吸太多油，最好事先浸盐水（而且这么做能够保留美丽的紫色）。把茄子擦干（不然可能会被油炸时溅出来的油烫伤）。把芦笋切成3段。把红椒的子、蒂头和里面的白色部分通通拿掉，先竖剖成两半，再切成宽2厘米的小块。将栗子南瓜以不规则的方式削皮，保留某些部分的外皮，再切成1厘米厚的片状。

在锅里倒进至少4厘米高的油，以中火加热到170℃。将茄子放进锅里，油炸到表面略微焦黄而且变软。先在餐巾纸上沥油，然后放进腌料碗里。请注意，锅里不要同时放进太多蔬菜，这样会降低油的温度。补充一些油到锅里，继续油炸红椒、芦笋和南瓜，当蔬菜熟了而且颜色仍然鲜艳时就可以起锅（我偏好蔬菜还有一点脆的口感，比较有味道）。跟茄子一样沥油之后放进腌料里，腌至少2小时。这道菜可以装在大碗里直接端上桌。放到第二天会更美味。

腌渍鲷鱼丼

份量：4人份
准备：25分钟

300—400克的鲷鱼片
1个非常新鲜的蛋黄
1根细香葱，切成葱花
4大碗饭（参考10页）

腌料

4汤匙的酱油
2汤匙的味醂
½汤匙的麻油
½颗黄洋葱

洋葱去皮，顺着纤维的方向切成很薄的薄片。将洋葱跟酱油、味醂和麻油拌匀。把鲷鱼切成薄片，跟洋葱拌在一起。让鲷鱼腌15分钟。在大碗里盛饭，将腌过的鲷鱼和洋葱铺在饭上，再淋上1汤匙的腌料。把蛋黄放在碗的中间，并洒上葱花。

味噌鲭鱼

份量：4人份
准备：25分钟
烹饪：15分钟

8片鲭鱼（如果是大条的鲭鱼，4片就够了）
350毫升的水
150毫升的清酒
50毫升的味醂
2汤匙的酱油
2½汤匙的糖
3汤匙的味噌

装饰（可选）

韭葱和姜，去皮切成细丝

将鲭鱼放进大平底锅里，不要互相重叠。将味噌以外的调味料全部加进锅里，煮开后转成中火。经常用汤匙舀酱汁淋在鱼肉上，并且将泡沫撇掉。持续煮6分钟。将4汤匙的酱汁舀进碗里，加入味噌充分调匀之后，再倒回锅里。转小火继续煮10分钟左右，让酱汁逐渐减少（小心不要让酱汁烧焦）。将鲭鱼分配到各人的盘子里，并淋上酱汁。如果您喜欢，也可以洒些葱丝和姜丝作为装饰。

炸猪排

份量：4人份
准备：10分钟
烹饪：6分钟

4块1.5—2厘米厚的猪背脊肉*
满满4汤匙的面粉
2个鸡蛋，打散
50克的面包粉
植物油
猪排酱**

将面粉、打散的蛋汁和面包粉分别装在不同的容器里。猪肉依次蘸面粉、蛋汁和面包粉（用手帮忙压一下，让面包粉粘上去）。把每块肉上多余的面包粉轻轻拨掉。准备1个大平底锅，可以同时摆进4块肉（不然就分2次处理，免得肉叠在一起）。在锅里倒入2厘米高的油，加热到170℃。把肉放进锅里油炸，每面需要3分钟左右，两面都炸成美丽的焦黄色。把肉拿出来放在餐巾纸上沥油。将猪排切成2厘米宽的长条，淋上猪排酱。

＊ 位于猪背脊部位的里脊肉排肥瘦适中，颇受日本人青睐。您也可以用无骨的肉片来取代背脊肉。

＊＊ 猪排酱是用水果和香料调配出来的。如果买不到现成的，可以试着自己做。将3汤匙的西红柿酱、3汤匙的Worcestershire酱、1汤匙的蚝油、1咖啡匙的糖和1咖啡匙的柠檬汁混合调匀，就成了自制猪排酱。

鸡肉丸火锅

份量: 4人份

准备: 20分钟

烹饪: 15分钟

✱韭菜

别名中国细香葱,
吃起来有一股温
和的蒜味

鸡肉丸

350克的鸡绞肉

1个鸡蛋

2汤匙的马铃薯粉

½颗洋葱

1段2厘米长的姜,削皮切碎

4个扇贝(可选)

1咖啡匙的酱油

胡椒

汤底

1.2升的柴鱼昆布高汤
(见12页)

1块4厘米长的昆布

100毫升的清酒

2汤匙的味醂

2汤匙的酱油

1撮盐

配料

½—1根莴苣(红橡叶莴苣、
结球莴苣等,可自行选择)

1把韭菜*

1把酸模(或芝麻菜)

2把芝麻菜

1根韭葱的葱白

1盒豆腐(大约400克)

10朵香菇(深棕色的
日本蘑菇)

蘸酱

4汤匙的酱油

2汤匙的米醋

¼颗柚子,榨汁

调味料

细香葱的葱花

7味粉(综合香料)

柚子胡椒酱

将所有的蔬菜洗干净。把韭葱斜切成2厘米的小段,韭菜切成2段,莴苣叶分开,香菇的蒂头切掉,豆腐切成边长3厘米的方块。在碗里将鸡肉丸的所有材料搅拌均匀,放在凉爽处备用。

将汤底的全部材料倒入1个附锅盖的汤锅里,以中火煮开之后,先把昆布捞出来,再把½份量的豆腐、韭葱和香菇放进锅里。利用2把汤匙,将⅓份量的鸡肉泥做成一颗颗的肉丸,放进汤里。盖上锅盖,让鸡肉丸煮5分钟。丸子煮熟了,就会从锅底浮上来。

把汤锅直接端上桌,摆在炉子上。等莴苣叶下锅,大家就可以开始享用火锅了。锅里的食物已经有调味了,不过如果您喜欢,可以在自己碗里加1—2咖啡匙的蘸酱。要加调味料的人也可以自行斟酌。火锅的配料是分批逐次下锅现煮的,用餐的人可以依照自己的口味,把想吃的配料放进锅里。

杂炊粥

份量：4人份
准备：3分钟
烹饪：2分钟
放置：3分钟

剩下的火锅汤
4碗饭（见10页）
2个鸡蛋
5根细香葱

将火锅汤里的剩料（如果还有剩的话）捞出来。把饭倒进去，用锅铲将饭粒松开，或者在饭下锅以前，先用热水稍微冲一下。盖上锅盖，用小火焖5分钟。掀开锅盖，把事先在碗里打散的鸡蛋倒进锅里，不要搅拌，直接盖上锅盖，熄火。等3分钟让粥入味。洒上细香葱。把粥盛进各人的碗里。

杂炊粥是火锅最美味的部分，因为所有配料的香味都被汤吸收了。即使已经吃饱，对于杂炊粥还是难以抗拒。

豆浆锅

份量：4人份
准备：20分钟
烹饪：20分钟

汤底

600毫升的柴鱼昆布高汤（见12页）
600毫升的原味豆浆（无糖）
4厘米长的昆布
3汤匙的黄味噌
2汤匙的味醂
½汤匙的酱油
1小撮盐
½颗大白菜
1把韭菜*
1根胡萝卜
½根白萝卜
1根韭葱的葱白
1盒豆腐（大约400克）
10朵香菇（深棕色的日本蘑菇）
300克的猪肉薄片

调味料

七味粉**

*韭菜
别名中国细香葱，
吃起来有一股温
和的蒜味

**七味粉
混合7种日本香料
（陈皮、芝麻、
花椒、红辣椒等）

将所有的蔬菜洗干净。把韭葱斜切成2厘米的小段，韭菜切成每段4厘米，大白菜横切成3段，香菇的蒂头切掉。胡萝卜削皮，斜切成大块，再把每块都剖成两半。白萝卜削皮，切成0.5厘米厚的圆片。肉片切成3厘米宽。豆腐切成边长4厘米的方块。

将柴鱼昆布高汤倒进一个附锅盖的汤锅里，并放入昆布。点火煮汤，把½份量的韭葱、大白菜、胡萝卜和白萝卜加进锅里，盖上锅盖。等汤开了，转中火再煮10分钟。把豆浆、味噌（事先用少量的豆浆稀释调匀）、味醂和酱油倒进锅里，有必要的话还可以加盐。把一些肉片、香菇和豆腐（份量依照个人的喜好）加进去。盖上锅盖，继续以小火或中火加热十几分钟，注意不要让豆浆滚沸溢出。

当锅里的配料都熟了，把火锅端上桌，放在炉子上（如果您有火力较强的炉具，例如电炉或瓦斯炉，加热的效果当然更好）。吃火锅要在汤开的时候才能加入新的配料。最后才把韭菜放进去，因为韭菜烫一下就熟了。让用餐者自己挑选想吃的东西，放进自己的碗里食用。可以按照个人的口味洒一些七味粉。等锅里煮熟的配料吃光了，再把新的配料分批逐次加进锅里，让每样食材的烹煮时间都能恰到好处。

您可以利用这道火锅剩下的汤，跟现成的饭做成炖饭。或者把熟的乌龙面加进去煮，也很美味。

牛肉寿喜烧

份量：4人份
准备：15分钟
烹饪：15分钟

茼蒿=春菊
冬天日本人很喜欢吃茼蒿

蒟蒻面
白色的面，超市就买得到

600克的牛肉片

配料
1盒蒟蒻面**（大约400克）
500克的豆腐
1根韭葱
1盒鸿喜菇（日本蘑菇）
¼棵大白菜
½把茼蒿*或芝麻菜
100—200毫升的柴鱼昆布高汤（见12页）
4—6个非常新鲜的有机鸡蛋
熟的乌龙面

寿喜烧酱汁
100毫升的酱油
100毫升的清酒
3汤匙的蔗糖

把蒟蒻面仔细洗干净，沥水，再切成3段。把鸿喜菇洗干净，剥成好几块。把韭葱的葱白斜切成2厘米长的小段。把茼蒿洗干净，切成2段（或者换成芝麻菜）。把豆腐切成3厘米见方的方块。把大白菜洗干净，横切成3段。

将½份量的配料放进汤锅里，最好能让各种配料并列而不散乱。有必要的话，以平底锅取代汤锅，让配料之间没有太多的空隙。倒入寿喜烧酱汁，盖上锅盖，以中火加热10分钟左右，然后放入½份量的牛肉。在每个人的碗里打1个鸡蛋，用筷子稍为打散。

等配料熟了，就把锅子端上桌，放在炉子上。让用餐者自己挑选想吃的食物放进自己的碗里，蘸蛋汁食用。当锅里的配料吃完了，就依照用餐者的胃口，加一些新的配料下去煮。如果酱汁不够，可以加一些柴鱼昆布高汤。当吃到最后，锅里已经没有配料时，就把熟的乌龙面加进去煮。

烹饪用具专卖店

想要买餐具或烹饪用具的人，在东京有几个专卖区可以去选购，例如合羽桥道具街就专卖厨房用品。日本的烹饪用具五花八门，光是刀，就有小鱼专用、大鱼专用、体型很长的鱼专用、蔬菜专用……种类繁多，要磨碎芝麻粒有专门的碗，要磨山葵酱、姜泥或萝卜泥也各有不同的研磨器。

当然，只有一把刀也可以做菜，不过如果是热爱厨艺（而且想做出好菜）的人，这些厨具即使不能说是缺一不可，至少也是基本配备吧！

马铃薯可乐饼

份量：4人份
准备：30分钟
烹饪：45分钟

600克的马铃薯 (不限品种，我用的是Bintje品种的马铃薯)
1颗洋葱
150克的猪绞肉
1汤匙的葵花子油
1咖啡匙的酱油
1汤匙的味酥
2撮天然粗盐
胡椒
1杯面粉
2个鸡蛋
2杯面包粉
猪排酱

把洋葱切成小丁。以中火加热平底锅里的油，炒洋葱丁。当洋葱炒到透明时，加入绞肉，继续拌炒4分钟 (要把肉炒熟)。加入酱油和味酥调味。准备1大锅开水，将马铃薯连皮，最好是整个放进去煮熟。如果时间不够，就先切成两半再下锅煮。将煮熟的马铃薯沥水去皮，放在大碗里用汤匙或锅铲压碎 (不必做成薯泥)。加入炒好的洋葱和猪肉拌匀，洒盐和胡椒调味。先做成8个长形的丸子，再压扁 (就像薯饼)。

准备3个盘子，第一个盘子里放的是面粉，第二个盘子是2个打散的蛋，第三个盘子是面包粉。让薯饼先蘸面粉，再蘸蛋汁，最后蘸面包粉。在锅里倒入高度至少3厘米的油，加热到180℃。把可乐饼放进锅里油炸，直到表面出现美丽的焦黄色。将炸好的可乐饼放在餐巾纸上沥油。趁热食用，可以加猪排酱，也可以不加。

黄瓜鸡肉凉面

份量：4人份
准备：25分钟
烹饪：25分钟

4包中华面（干面）
1根小黄瓜
1只去骨鸡腿
2片0.3厘米厚的姜片，不削皮
2个鸡蛋
糖
麻油
½根韭葱的葱白
1段3厘米的姜

酱汁

4汤匙的酱油
2汤匙的米醋
2汤匙的芝麻酱**（可选，为了让酱汁更浓稠）
2汤匙的鸡高汤（留下煮鸡肉的水）
1½汤匙的蔗糖
2汤匙的麻油
1咖啡匙的豆瓣酱*

＊豆瓣酱
中国的调味酱，成分为辣椒和发酵的豆子。您可以用味噌和0.5咖啡匙的辣椒来代替豆瓣酱

＊＊芝麻酱
在有机商店就买得到，日本超市里也有芝麻酱

先在锅里把水煮开，再把鸡肉和姜片放进去，转小火煮15分钟左右。让鸡肉留在锅里冷却。将鸡蛋加1撮糖打散。在平底锅里放一点麻油，把蛋汁倒进锅里，做成薄的煎蛋。把煎蛋切成3份，再叠起来切成丝。小黄瓜斜切成薄片，再切成丝。把鸡肉切成厚度1厘米的肉片。把韭葱和姜细切切碎。在1个大碗里，将酱汁的所有材料混合拌匀。

根据面条包装上的说明把面条煮熟。将煮好的面条沥水，然后放在水龙头底下过冷水，把多余的淀粉去掉（很重要的步骤，这样面条的口感才会好）。把配料摆在面条上，食用前才淋上酱汁。

马铃薯炖肉

份量：4人份
准备：15分钟
烹饪：30分钟

5个大的或10个小的马铃薯
200克的牛肉片
1个黄洋葱
1汤匙的烤芝麻粒
2汤匙的冷压麻油
2杯柴鱼昆布高汤（见12页）
50毫升的酱油
50毫升的清酒
50毫升的味醂
2汤匙的蔗糖

将洋葱斜切成2厘米宽的小块，马铃薯削皮，切成4大块（小马铃薯就切成2块）。在汤锅里加热麻油，把肉一片片放进锅里（不要一次全部倒进去，免得黏成一团）炒1分钟。把马铃薯和洋葱也加进去，再炒1分钟。把2杯高汤倒进锅里，并加入酱油、清酒、味醂和糖调味。等汤汁开了，盖上锅盖，以中火炖10分钟。掀开锅盖，转小火继续炖15分钟左右，让汤汁蒸发，而且不时搅拌一下锅里的肉和蔬菜。当汤汁蒸发到剩下⅓时就熄火。装在大碗里端上桌，并且洒一些芝麻粒。

竹荚鱼南蛮渍

份量：4人份
准备：15分钟
烹饪：10分钟
放置：15分钟

12条小竹荚鱼
5汤匙的面粉
1根胡萝卜
½颗紫洋葱
1段2厘米长的姜
葵花子油

腌料
120毫升的酱油
120毫升的米醋
50毫升的水
1汤匙的蔗糖
1块3厘米×3厘米的昆布
红辣椒（可选）

将洋葱切丝，胡萝卜和姜切成细丝。将腌料的所有材料放进碗里拌匀。如果喜欢辣椒，可以加一点切碎的辣椒。把洋葱和胡萝卜加进腌料里。把竹荚鱼的头切掉，内脏掏干净。用餐巾纸把鱼身内外擦干。把面粉倒在1个平的盘子上。让竹荚鱼蘸上面粉，把多余的面粉拨掉。加热平底锅里的油（差不多3厘米高的油，加热到160℃），把竹荚鱼放进锅里油炸（大约10分钟），在这个过程中要翻面好几次，鱼的口感才会酥脆，颜色也会变成美丽的焦黄。取出竹荚鱼，放在餐巾纸上沥油。把炸好的鱼放进腌料的大碗里，小心地跟其他的配料拌匀。让鱼肉至少腌15分钟（甚至可以放到第二天，味道还是很棒）。

（译者注：作者没提到姜丝什么时候登场。应该跟胡萝卜、洋葱同时放进腌料里。）

咸猪肉佐辣味噌酱

* 苦椒酱

这是韩国的辣椒酱。主要成
分为辣椒和发酵的大豆。味
道微甜极辣。这种韩国调
味料在日本很常见

份量：4—6人份
准备：20分钟
烹饪：1小时
放置：1—4天

500克的去骨猪胸肉
15克的Guérande粗海盐
1块3厘米×3厘米的昆布

酱料
2汤匙的味噌
1汤匙的苦椒酱*
1汤匙的蔗糖
1汤匙的味醂
2汤匙的麻油
1咖啡匙的酱油

1汤匙的芝麻粒
1咖啡匙的姜，切碎
½瓣大蒜，磨成泥
3厘米长的韭葱葱白，切碎

配料
½根莴苣
8片紫苏
您自己选的香草
3厘米长的韭葱葱白

在做这道菜的前几天，先将猪肉用盐搓揉过，再用保鲜膜包起来，在冰箱里放1—2天，让猪肉入味。这种生的咸猪肉甚至可以放4天。

把猪肉放进锅里，倒入份量足以覆盖住猪肉的水，并加入昆布。以中火加热，等水开了，就转小火继续煮1小时。熄火，让猪肉留在锅里冷却。趁猪肉已经不烫仍有微温时，从锅里取出并切成1厘米厚的肉片。把韭葱切成细细的葱丝。将猪肉片、莴苣、紫苏、韭葱和您自己选的香草摆在1个大盘子上，酱料放在旁边，并且附上1把咖啡匙。品尝的时候，把猪肉放在1片莴苣叶上，加上1咖啡匙的酱料和一些香草，然后把莴苣叶卷起来，将猪肉、酱料和香草都包在里面。

吃这道菜时嘴巴要张大！我也很喜欢加一点饭在莴苣卷里。这道源自于韩国的料理，如今在日本很受欢迎。家母会做这道菜，不过她放的不是猪肉，而是沙丁鱼生鱼片。这种组合也很好吃。如果您可以在市场上买到很新鲜的沙丁鱼，不妨试试看。

卤猪肉

份量：4—6人份
准备：15分钟
烹饪：1小时15分钟

4个水煮蛋（蛋怎么煮您自己决定，我个人非常偏好嫩的蛋）
1条500克的猪肉（要带肥肉）
1整根韭葱
1段3厘米长的姜，外皮洗净保留
3颗八角
200毫升的清酒
200毫升的酱油
70克的蔗糖
2汤匙的蚝油
大约1升的水

装饰
1段5厘米长的韭葱葱白

将韭葱切成3段，姜切成3片，猪肉切成2—3大块。把除了鸡蛋以外的所有材料放进锅里。最好不要让肉块叠在一起，所以要选个足够大的锅。水的份量要能够盖过猪肉。将锅里的水煮开之后转小火，卤猪肉的前30分钟盖上锅盖，后30分钟把锅盖拿掉。将猪肉取出，剩下的卤汁以大火加热，让份量浓缩到只剩一半。把猪肉放回锅里，一直翻面，让每个部位都能蘸到卤汁。同时把水煮蛋整个放进去卤。熄火后把猪肉跟卤蛋留在锅里一小段时间。把猪肉切成肉片，浇上卤汁，洒些切得很细的韭葱葱花作为装饰。这种作法的卤猪肉可以搭配拉面（见46页）。

您可以把卤汁装在小玻璃罐里保存2个星期，也可以将它做成拉面的汤（见46页），或者取代酱油作为调味料（例如在煎炒肉片的时候加卤汁）。

高丽菜卷

份量：4人份
准备：20分钟
烹饪：45分钟

8片皱叶高丽菜
日本黄芥末酱
细香葱的葱花

馅料

500克的猪绞肉
50克的米饭（让口感柔软，见10页）
2朵干香菇
400毫升的水
1颗洋葱，切碎成小丁
1段2厘米长的姜，切碎
1汤匙的酱油
1撮盐

高汤

1汤匙的酱油
2汤匙的味醂
1咖啡匙的盐
2汤匙的清酒
400毫升的柴鱼昆布高汤（见12页）

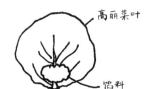

高丽菜叶

馅料

将干香菇放进300毫升的水里浸泡至少3小时，直到香菇变软（您可以在前一晚先泡香菇）。把泡过香菇的水留下来当作高汤。将香菇的蒂头去掉，其他部分切成小丁，跟馅料的其他材料充分搅拌揉捏均匀。

在大锅里煮水，把高丽菜叶放进热水里煮1分钟。这么做是为了使菜叶变软，才能够拿来包馅料。将⅛份量的馅料摆在1片菜叶上，将菜叶的下面和两边折进来，再往上卷，把馅料包起来做成菜卷。把菜卷放进锅里，让它们贴紧并列。将高汤的全部材料和泡过香菇的水倒进锅里，先用中火煮开，再转小火盖上锅盖，继续煮30分钟左右，直到菜卷变软。有必要的话，可以不时用汤匙将高汤淋在菜卷上。食用时可搭配日本黄芥末酱，并洒上细香葱的葱花。

寿司晚餐

配料

1根小黄瓜

4个鸡蛋

1汤匙的蔗糖

1汤匙的酱油

1片非常新鲜的有机鲑鱼（大约150克）

150克非常新鲜的鲔鱼

10只大虾

1盒咸鲑鱼卵

5根秋葵

10片紫苏

10片莴苣（红橡叶莴苣或其他您喜欢的莴苣）

10片海苔

份量：4—6人份

准备：40分钟

烹饪：40分钟

将小黄瓜切成长条，再切成每段4厘米。把鸡蛋做成日式煎蛋卷（见20页），然后切成4厘米的长条。把鲑鱼切成2片，每片宽约5厘米，然后再切成0.7厘米厚的鱼片。把大虾的头拿掉，沿着背部插进1根牙签，再放进开水里煮4分钟。把牙签拿掉，虾壳剥掉，从腹部切开，但是不要切断。把鲔鱼跟鲑鱼一样切成0.7厘米厚的鱼片，或者像煎蛋卷一样切成4厘米的长条。把秋葵放进盐水里煮1分钟，沥水后直剖成两半。将紫苏和莴苣叶洗干净。

寿司醋

300毫升的米醋
6汤匙的白糖
6咖啡匙的盐
3厘米×3厘米的昆布

将所有的材料放进锅里，以小火加热并且加以搅拌，使糖和盐溶解。在滚沸之前就熄火，连同昆布装进罐子里，放在冰箱里备用。

醋饭

4杯米（每杯180毫升）
140毫升的寿司醋（重量大约是米饭的10%）

先将米煮成一般的饭（见10页），不过水的用量要比平常煮饭时减少4汤匙。把刚煮好热腾腾的饭倒进1个大碗或者沙拉碗里，再借助饭匙将寿司醋淋到饭上（让醋沿着饭匙流到饭的各个角落）。一手拿饭匙"切"进饭里，将饭和醋拌匀，另一手拿扇子将饭煽凉。小心不要把饭粒压扁。盖上一条湿的餐巾备用。千万不要把醋饭放进冰箱里，否则饭的口感会完全被破坏掉。

诀窍

寿司醋放在冰箱里可以保存3个星期。一次性准备够多的量，下次可以使用。

手卷与寿司卷

手卷

准备制作手卷。把海苔裁成4份。将海苔放在手掌上,饭沿着对角线铺好,您自己挑选的配料顺着同样的方向摆在饭上,再以对角线为轴心将海苔卷起来。如果您打算放比较多的配料,就把海苔裁成2份,变成2片长方形。大手卷的作法跟小手卷相同,不过只有一边的海苔上铺着饭。您可以在面积更大的饭上摆更多配料,再把海苔卷起来做成尖筒状的手卷。

01

03

02

寿司卷

准备制作寿司卷。把1片海苔（或者用½片海苔制作细卷）铺在寿司竹帘上。将手蘸湿，抓1撮饭铺在海苔上。饭不要放太多，不然要把海苔卷起来的时候，饭可能会满出来。也不要把饭铺满整片海苔，下面（开始卷的那一侧）要留1厘米的空隙，上面（离您身体远的那一侧）留3厘米的空隙。将您喜欢的配料，例如鲑鱼+鳄梨+煎蛋+小黄瓜铺在饭上。想办法将这些排成一列的配料上下重叠摆放，不要让配料超过2—3列。隔着竹帘，将靠近您这边的海苔掀起来，轻轻压在配料上，让配料定位。小心地卷动，直到远近两侧的海苔贴合在一起。将寿司卷移到竹帘中央（海苔贴合面朝下，以免整卷散掉），透过竹帘稍微压一下，让寿司卷漂亮地定型。您也可以将海苔裁成2片做成细卷，不过顶多只能放一两样配料，作法跟大寿司卷相同。

鲷鱼生鱼片沙拉

份量：4人份
准备：20分钟
烹饪：1分钟

2片非常新鲜的鲷鱼
¼根胡萝卜
½根小黄瓜
½颗洋葱
½颗芜菁
½根白萝卜
您喜欢的香草（薄荷、莳萝、
芫荽……）
1汤匙的烤花生，切成大颗粒
1段3厘米长的韭葱葱白

酱汁

1颗有机青柠，榨汁
3汤匙的酱油
胡椒
2汤匙的花生油（或葵花子油）
1汤匙的麻油

将洋葱纵切成薄片。剥掉韭葱的外皮，再切成极细的葱丝。将韭葱泡水10分钟，藉此消除辛辣的气味。然后，将韭葱沥水备用。把芜菁切成很薄的半圆形薄片，其他的蔬菜切丝。将韭葱以外的蔬菜全部放进1个大碗里拌匀。将鲷鱼切成0.7厘米厚的鱼片。先把混合蔬菜沙拉摆在大盘子上，接着放鲷鱼片，最后把韭葱丝铺在中央，并洒上香草与花生颗粒。

要品尝这道菜之前，在小锅里将2种油混合加热，等到油开始冒一点烟，就将混合的热油淋在沙拉上，再加入酱油和青柠汁。将所有的材料拌匀后食用。请注意，油加热之后会变得很烫，在热油的时候一定要随时查看，一看到油冒烟就熄火，立刻淋在沙拉上。淋热油的作法让这道菜有一股烟熏的香味。

竹篓凉面

份量: 4人份
准备: 20分钟
烹饪: 30分钟

1根茄子
1汤匙的麻油

面蘸酱

400毫升的水
150毫升的味醂
200毫升的酱油
1咖啡匙的蔗糖
1撮柴鱼片
1块5厘米×5厘米的昆布

配料

½根小黄瓜
8根秋葵
3个鸡蛋
1撮蔗糖
½片海苔
1块3厘米长的姜,磨成泥
烤芝麻粒
1根细香葱
320—400克的素面

把面蘸酱的所有材料放进锅里,以小火加热20分钟后熄火。将这种酱汁装在干净的玻璃罐里放进冰箱,可以保存2个星期。将茄子纵切成3份,再切成0.7厘米厚的小块。在锅里热油,将茄子放进锅里炒过,然后倒入面蘸酱,以中火煮5分钟。熄火放凉之后放进冰箱里。这种茄子口味的面蘸酱可以保存3天。

鸡蛋加1撮蔗糖做成炒蛋。小黄瓜先切成每段5厘米,再切成细丝。秋葵放进开水里煮1分钟,捞出来切成薄片。细香葱切成细细的葱花。把海苔剪成丝。

请注意,面条等到要吃的时候才现煮,不然口感会变差。将大量的水放进锅里煮开之后,把面条放进去,按照包装上的说明将面条煮熟。将煮好的面条沥水,然后用水冲洗搓揉1分钟(过程中会流掉相当多的水),将多余的淀粉彻底去除。这个步骤千万不能省略!

将面条摆在1个大竹篓上,底下垫个盘子。如果有冰块的话,在面条上放几个冰块。如果没有竹篓,就直接摆在盘子上。将所有的配料分别装在小盘子上(细香葱、姜泥、海苔丝和芝麻粒)。按照各人的口味将面蘸酱稀释(以1杯面蘸酱来说,我喜欢加½杯的水),每个人都有1碗自己的酱汁。要品尝的时候,把喜欢的配料放进自己的碗里。将面条浸在酱汁里食用。

您可以更换碗里的配料,玩出各种组合。如果酱汁被稀释得太淡,就再加一点面蘸酱。

蔬菜煮浸

份量：4人份
准备：5分钟
烹饪：5分钟

1把水菜*（大约250克）
2片油炸豆皮
300毫升的柴鱼昆布高汤（见12页）
1撮盐
1汤匙的味酥
1咖啡匙的酱油

将水菜洗干净切成小段，每段5厘米长。将豆皮放在滤网上用开水冲洗，把表面多余的油洗掉。将豆皮翻面，重复同样的步骤。将豆皮沥水，切成1厘米宽的长条。在锅里倒入柴鱼昆布高汤、味酥、盐和酱油，煮开之后把水菜和豆皮加进去，搅拌翻炒1分钟。熄火。将水菜和豆皮放进各人的小碗里，再淋上柴鱼昆布高汤。

*水菜
原产于日本的生菜，味道有一点像芥菜叶，很适合当作沙拉

莲藕羊栖菜沙拉

份量：4人份
准备：20分钟
烹饪：3分钟

100克的莲藕
5克的羊栖菜*
1撮盐
20克的水菜
¼颗紫洋葱

调味料

2汤匙的橄榄油
1汤匙的酱油
1汤匙的米醋
1撮天然粗盐
½瓣大蒜，磨成泥

＊羊栖菜

羊栖菜芽

羊栖菜
比较长，像黑色的
细面条

把调味料的材料充分混合均匀。

将洋葱切成很薄的薄片，泡水10分钟后沥干。将羊栖菜泡水15分钟，然后沥干。将莲藕削皮，切成圆形薄片。如果莲藕很粗，就切成半圆形薄片。将莲藕泡水5分钟，然后沥干。把锅里的水煮开，加1撮盐。先把莲藕煮熟，但是要保留脆脆的口感，所以烫个1—2分钟就要捞起来沥水。用同一锅水煮羊栖菜（同样烫1分钟就够了），然后捞起来沥水。把水菜洗干净，切成3厘米长的小段。要食用之前，将所有的材料放进1个沙拉碗里，充分混合均匀。

鲣鱼生鱼片佐香草

份量：4人份
准备：15分钟

400克新鲜的生鲣鱼
15厘米长的白萝卜
2块茗荷*
3片紫苏叶
1瓣大蒜
1个酢橘**
酱油

鲣鱼的处理方式有2种，在此介绍的是第一种。用瓦斯炉的火焰或者烧稻草的火焰（比较正统的作法）将鲣鱼的每面都稍微烧炙过，当表皮变色时，就将鱼肉浸在冰水里，然后擦干。第二种作法省略了这个步骤。家父比较喜欢第二种作法，因为他认为烧炙会改变鱼肉的口感和味道。我个人对这2种作法都很喜欢。烧炙鱼肉表面时，可以闻到鱼皮有淡淡的烟熏味。所以在这个步骤之后（或者没有这个步骤），将鲣鱼切成0.7厘米厚的鱼片。将白萝卜削皮之后磨成泥，稍微把汁沥掉。将茗荷切成很薄的圆形薄片。把大蒜切成0.1厘米厚的蒜片。把紫苏细细切碎。将酢橘榨汁备用（也可以用别的柑橘类水果来取代，例如柚子、柠檬、青柠或者香柠檬）。

将鱼片放进盘子里，洒上大蒜、紫苏和茗荷，淋上酢橘汁，再将萝卜泥摆在最上面。将这盘菜放进冰箱里15分钟，让它更入味。品尝的时候蘸一点酱油（不要蘸太多）。

*茗荷
（日本姜）
我们吃的是它的花苞。新鲜的茗荷可以增添食物的香气

**酢橘
跟柚子一样都是日本的柑橘类水果。酢橘是德岛的特产

清酒煮鱼

份量：4人份
准备：15分钟
烹饪：15分钟

4条小型或2条中型的白肉鱼（岩鱼、小鲷鱼等），掏空内脏刮去鳞片（请鱼贩代劳）
4片薄薄的姜片
1段3厘米长的韭葱葱白
4汤匙的酱油
4汤匙的味醂
1汤匙的蔗糖
200毫升的清酒
160毫升的水

将鱼仔细洗干净（尤其是鱼腹内部），用餐巾纸擦干。在鱼身上用刀斜划一两道浅痕。准备1个够大的锅子，让鱼肉放进去不会叠在一起。如果有竹叶，把它铺在锅底，可以避免鱼肉黏锅。先把酱油、味醂、糖、清酒和水倒入锅里煮开，再把鱼、韭葱和姜片放下去煮。盖上锅盖，在鱼和锅盖之间要留一些空间。将火力转成中小火，煮5—6分钟。掀开锅盖，以中大火继续煮，让酱汁慢慢减少，并不时将酱汁淋在鱼肉上，以这种方式再煮3—4分钟。当鱼肉煮熟，酱汁也变得浓稠时，就可以熄火。将鱼摆在各人的盘子上，配上1片姜，并淋上酱汁。

和风骰子牛排

份量：4人份
准备：15分钟
烹饪：10分钟

4块牛排（要有适度的肥肉），厚度约2厘米（每人大约150克）
2汤匙的清酒
5厘米长的白萝卜

蘸酱

5汤匙的酱油
2汤匙的米醋
½颗有机柠檬，榨汁
1瓣大蒜

将白萝卜削皮之后磨成泥。用刀背将大蒜拍碎再切成大块。把蘸酱的所有材料混合均匀。至少在煎的30分钟之前，将牛排从冰箱拿出来回温。稍微洒一点盐。用平底锅将牛排煎到您喜欢的熟度。淋上清酒可以增添香气。取出牛排，先放置3分钟。将牛排切成小方块，跟萝卜泥一起摆在盘子上。以牛排蘸酱汁，搭配一点萝卜泥食用。

附录

烹饪用具

井饭锅

菜刀

刀

筷子

刨刀

竹刷

竹帘

長次郎作

鲨鱼皮山葵研磨板

磨泥板

蔬菜

毛豆

山葵

白萝卜

香菇

紫苏

大白菜

秋葵

莲藕

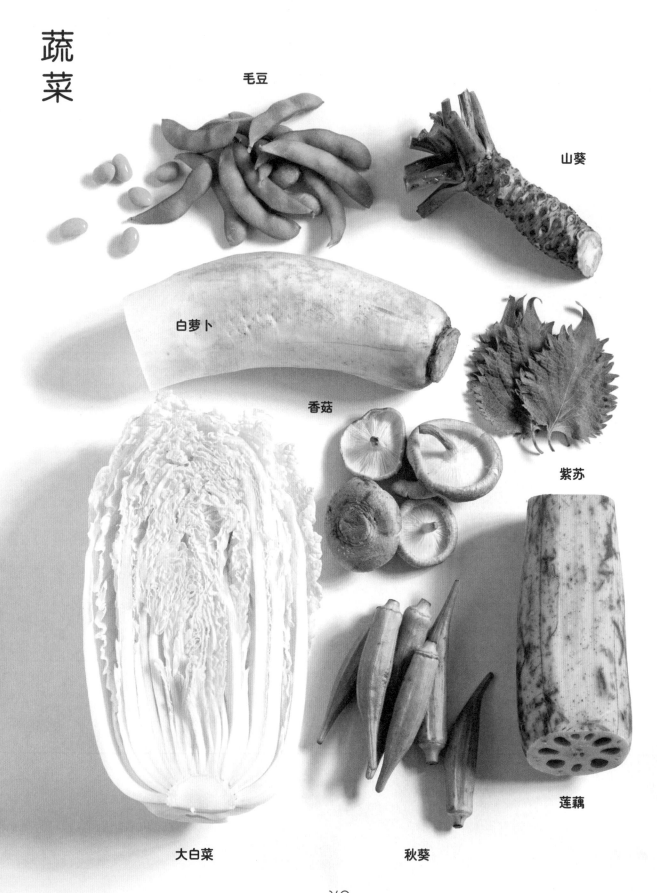

干香菇　　　　　柴鱼片

海带芽

海藻沙拉　　海苔　　羊栖菜

昆布

YAMA MOTO YAMA

SINCE 1690

江户前

EDOMAE

Serving
Suggestion

Roasted Seaweed
Net Weight: 25g (10 Sheets)

Algues Grillees
Poids Net: 25g (10 Feuilles)

Geroestete Algen
Netto: 25g (10 Blätter)

Alghe Tostate
Peso Netto: 25g (10 Fogli)

Alga marina Tostada
Peso Neto: 25g (10 Hojas)

Geroosterd Zeewier
Nettogewicht: 25g (10 Vellen)

Rister Tang
Nettovægt: 25g (10 Plader)

Roasted Tang
Nettovikt: 25g (10 Blad)

261

面

熟乌龙面

蒸熟面

中华面
（干面）

荞麦面

素面

乌龙面

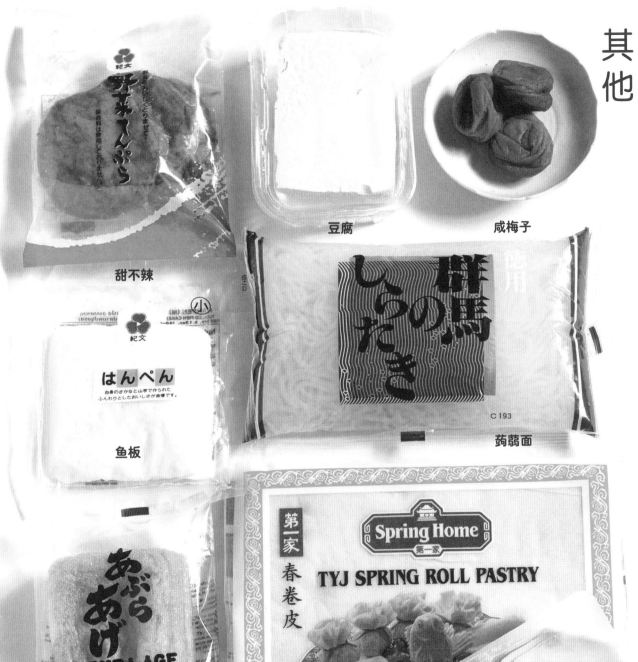

其他

甜不辣

豆腐

咸梅子

鱼板

蒟蒻面

油炸豆皮

春卷皮

饺子皮

酱汁

烤肉酱

用途：腌料（烤肉）、调味料（芝麻菜或
　　　紫色高丽菜之类味道重的沙拉、
　　　生豆腐）

保存天数：4天

400克肉的腌料

4汤匙的酱油

2汤匙的味醂

1汤匙的麻油

1瓣大蒜，磨成泥

⅛颗苹果，磨成泥

1咖啡匙的蔗糖

3厘米长的韭葱葱白，切碎

½汤匙的烤芝麻粒

将所有的材料混合均匀。

胡萝卜酱汁

用途：适合各种沙拉的新鲜浓稠酱汁

比例：1盘4人份的沙拉需要3—4汤匙的
　　　酱汁

保存天数：4天

4人份沙拉的调味酱汁

50毫升的酱油

35毫升的米醋

50毫升的初榨橄榄油

1汤匙的味噌

1汤匙的芝麻酱

1汤匙的蔗糖

1瓣大蒜

1厘米长的姜，去皮

4厘米长的胡萝卜，去皮

¼颗洋葱，剥去外皮

以手持式搅拌器将所有的材料搅碎。

昆布酱油

用途： 可取代酱油用来炒饭，或者作为生豆腐和生鱼片（鲔鱼、鲑鱼、沙丁鱼）的调味料

保存天数： 10天

100毫升的昆布酱油

100毫升的酱油
5厘米×5厘米的昆布
1瓣大蒜，去皮不必拍碎

让昆布和大蒜浸在酱油里。

这种酱汁不适合搭配白肉鱼，因为大蒜会破坏肉质的美味。

泡菜腌料

用途： 在短时间内腌渍大约400克的蔬菜

保存天数： 10天

400克泡菜的腌料

50毫升的米醋
2汤匙的蔗糖
2汤匙的鱼露
1汤匙的盐

将所有的材料倒入小锅里，以中火煮开。将您喜欢的蔬菜（花椰菜、胡萝卜、小黄瓜等）和腌料一起放进保鲜袋里。把袋里的空气排掉，封口封好，让蔬菜至少腌1小时。

您可以在腌料里加入花椒、姜、红胡椒粒或者您喜欢的香料，也可以加1汤匙的麻油增添香气。

芫荽酱汁

用途： 非常适合作为根茎类蔬菜（胡萝卜、莲藕、烤地瓜）和重口味红肉（羊腿、烤鸭）的调味料

比例： 100克的蔬菜或肉需要1汤匙的酱汁

保存天数： 3天

1只4人份烤羊腿的调味酱汁

½把芫荽（或1小把芫荽），切碎
1瓣红葱头，切碎
1瓣大蒜，切碎
2咖啡匙的蔗糖
4汤匙的葵花子油
60毫升的酱油
½颗青柠，榨汁

将切碎的芫荽、大蒜和红葱头放进1个金属碗里，并在上面洒糖（不用拌匀）。在小锅里将油加热到稍微冒烟。把油倒进碗里，加入酱油和青柠汁。把所有的材料拌匀。

这种酱汁的味道很香，颜色又是美丽的绿色，相当特别，是我最喜欢的酱汁。

巴沙米醋酱油

用途： 这种组合很适合当作调味料的基本材料（沙拉、蔬菜、豆腐），还可以取代烤鸡肉串的酱汁（见186页）

比例： 4人份的绿叶沙拉需要3汤匙的酱汁加上3汤匙的麻油

50%的酱油
50%的巴沙米醋

从口味上来说，很难辨识出这种组合的成份。酱油会因为巴沙米醋而略带甜味。

盐酱

用途： 非常适合搭配烤鸡、西红柿或小黄瓜沙拉

比例： 2个西红柿需要2汤匙的酱汁

保存天数： 2天

1只4人份烤鸡的调味酱汁

5厘米长的韭葱葱白，切碎
2厘米长的姜，切碎
60毫升的冷压初榨麻油
2汤匙的粗盐
1汤匙的鱼露
1颗柠檬，榨汁
1咖啡匙的黑胡椒粒，磨碎

将所有的材料混合均匀。

目录

食材索引

本索引中，大类目按首字拼音的首位字母顺序排列，大类目下项目按页码顺序排列。

推荐的地点

根津—千驮木

我回东京的时候，很喜欢来这一区逛街。在地铁根津站和千驮木站之间，有一些小规模的食品店、糕饼店、手工艺品店、很棒的日本餐厅、一间很漂亮的根津神社，甚至还有一座小温泉！在这里可以悠闲地逛一整天。

荞麦面店

Yoshi 房凛

东京都文京区根津2-36-1
邮编：113-0031
电话：+81 3-3823-8454
11：00-15：00 17：30-20：30
星期二不营业

这是家父跟我最喜欢的荞麦面店。师傅天天制作荞麦面（图片见50页）。吃着现做的美味荞麦面，配上一杯新鲜爽口的清酒，正如同东京当地作家池波正太郎（Shotaro Ikenami）所说的，这是纯粹的幸福。

糖果店

小石川金太郎饴

东京都文京区根津1-22-12
10：00-18：00
星期一不营业

这间知名的金太郎饴糖果店创立于1914年，经营者是一对很慈祥的爷爷奶奶。这家店一直保持着最正统的东京糖果的滋味。

豆腐店

根津豆腐工房须田

东京都文京区根津2-19-11

小商店街

谷中银座商店街

东京都台东区谷中3-13-1

这条街聚集了各种货真价实的小商店。卖清酒的商人当街邀请客人品尝清酒，鱼贩现烤鳗鱼，蔬果店里的货新鲜又便宜……这里的商人不太喜欢被拍照（尤其是没有事先征求同意），不过他们通常很和善，而且以自己的职业为荣。您会看到很多年纪超过80岁的老人家依然坚守工作岗位。

煎饼店

大黑屋

东京都台东区谷中1-3-4
10：30-18：30
星期一不营业

本区最美味的咸味仙贝就在这里。店面虽然小，却非常漂亮。如果运气好，还可以观赏师傅在炭炉上一片一片地烤仙贝，极为赏心悦目，而且酱油的焦香味绝对令人难以抗拒（图片见100页）。

现代化鱼店

根津松元

东京都文京区根津1-26-5
11：00-19：00
星期日与假日不营业

根津松元并不是地道的日本鱼店，店里闻不到一丝鱼腥味。这是一间极简主义风格精致的店，非常干净时髦。老板每天从筑地市场批进质量最好的鱼货，附近的邻居向他订了一盒生鱼片，呈现的结果跟珠宝盒一样美丽（图片见89页）。他没有透露价格，不过质量一定令人满意。

浅草

这一区的特色是喜剧剧场、寺庙、手工艺品店和以东京料理闻名的餐厅。值得来这里逛一逛，参观和服专卖店和艺品店，探访日本最古老的浅草花屋敷游乐园，并且在这里用餐。

Angelus

东京都台东区浅草1-17-6
10：00-21：00

在这间正统的咖啡厅可以品尝洋菓子，也就是灵感来自西方的日式糕点，例如日式草莓蛋糕或者蛋糕卷。他们的冰滴咖啡和咖啡蛋糕卷真的是绝配。

Starnet

东京都千代田区东神田1-3-9
11：00-20：00

这间店位于马喰町，距离浅草不远。我会来这里买碗盘（例如这本书里出现的碗盘）。一楼展示的是来植自栃木县的碗盘，当地的益子烧很有名；二楼的商品则是天然原料染制的衣服和配件。店里会引进一些年轻的益子烧陶艺工匠的作品，售价不至于高不可攀。这些陶器的造型简单却颇有创意。我每次从这间店走出来，手上总是提着好几大袋的战利品。

合羽桥

合羽桥道具街

东京都台东区松谷18-2
（商店街第一家店的地址）

在浅草旁边有一条街，专门贩卖烹饪用具（图片见220页）和食物模型（展示在餐厅厨窗以塑料制造的假食物，图片见74页）。这条街对于您的钱包来说有失血的危险，因为您几乎可以在这里找到日本料理所需的一切用具，包括做糕点的道具，还有碗盘。逛完街上所有的店，至少要花上半天的时间，甚至更久。这个地方很有趣，东西的价格也便宜。

筑地

筑地市场

东京都中央区筑地5-2-1
（市场第一家店的地址）

这是全世界最大的海鲜市场（图片见32页）。您可以在这里找到所有跟烹饪相关的商品，比如全日本最好的刀具店、非常新鲜的鱼、以市场的鱼货为食材的好餐厅，等等。场外市场从营业时间一开始就对观光客开放，场内市场仅供业者采购，一般人要等到9点之后才能进入。

如果想在市场内的餐厅品尝非常新鲜的寿司，可以考虑早一点去，因为从7点开始就有人排队了。参考他们的网站可以知道更详细的实时信息。

www.tsukiji-market.or.jp

原宿

代代木公园

东京都涩谷区代代木神园町2-1

这座大公园距离摩登繁华的原宿、涩谷和表参道都不远。位于公园旁边的明治神宫是东京最好的神社之一，人们可以来这里参加传统的婚礼。代代木公园里的野餐区是跟家人或朋友相聚的热门地点，在这里还可以看到有人跳扭扭舞，有人把自己装扮成洋娃娃或者动漫中的角色。各式各样的人混在一起，非常具有东京的特色。公园入口处有一些小吃摊，每天都营业。春天的时候，公园里到处挤满了赏樱花的民众。

涩谷

今日东京的著名街区（常见于明信片）。这里有霓虹灯、熙熙攘攘的人群、可爱的女孩和巨大的广告屏，就像我们在电影中看到的那样。

Partyland

东京都涩谷区宇田川町
13-4丸秀大厦2楼

这间日式可丽饼卷和霜冻酸奶专卖店走的是可爱路线。难得有机会，您或许会想尝尝日式可丽饼卷，看起来很可口，装饰得很漂亮，而且非常巨大（图片见124页）。这间店位于涩谷中央，这一区聚集了许多服饰店、鞋店、快餐餐厅和年轻人去的居酒屋。涩谷是如此得活力充沛、色彩缤纷，光是看着就觉得很好玩。这么多人，这么吵嘈，这么多商店，简直是超现实。

新宿

怀旧居酒屋街

地铁新宿站旁边（西边出口）
www.shinjuku-omoide.com

晚上想去居酒屋（图片见190页）消磨时光，这里是最适合的地点，有许多餐厅和酒吧可供选择。居酒屋、寿司、烤鸡肉串、拉面……不必迟疑，在这家店喝一杯，换下一家喝第二杯。老板会准备种类繁多的下酒菜供客人品尝。

寿司辰

东京都新宿区西新宿1-2-7

这是一间很好的寿司餐厅，位于怀旧居酒屋街，仍保留了江户时期的风格，空间非常狭窄（这一区其他的餐厅也一样）。请注意，这里的寿司是蘸盐吃的，不是只能蘸酱油，真是特别啊。寿司师傅喜欢客人听从他的建议，所以就先按照他的方式来品尝寿司，晚一点再蘸酱油。因为完美的调味，您将会发现鲜鱼的真正滋味。

感谢

感谢我的编辑罗丝-玛丽·迪多蒙尼可，给我这么好的机会完成这本书。

书中的照片要感谢井田晃子和皮耶·贾维勒（Pierre Javelle）。至于美术设计，感谢萨宾娜！跟您一起重新发现东京实在太好玩了。晃子，你带给我许多灵感，当我遇到瓶颈时，你的建议真的给我很大的帮助。

阿嘉莎，非常感谢您帮助我，鼓励我，还为我更正了食谱中所有的法文错误。

Miyako、Yamato、萨宾娜和昆丁，还有我最好的朋友Megumi和玛琳，谢谢你们参与了在巴黎的照片拍摄。我跟你们玩得很开心，而且我非常乐意为你们做菜。谢谢Ami在糕点方面所提供的建议。

在东京这边，感谢山姆、Tomoko、Dai、Namazu、Jyun和Fumiya在我的旅途中所给予的协助。感谢所有的商家和餐厅慷慨亲切地接待我们，并且带给我们灵感。感谢CHEF'S餐厅的Noriko和Wong先生，你们的餐厅始终是全世界最好的餐厅，也是我的灵感来源。

最后，大大的感谢我的父母给予我最好的烹饪教育。谢谢亲爱的雨果品尝了我做的菜，并且与我分享生命中的喜悦。

（译注：以上有些人的名字没有合适的汉字表示，所以保留了原文。）

图书在版编目(CIP)数据

东京味道：110道日式料理的家常美味 ／（日）室田万央里著；彭小芬译. -武汉：华中科技大学出版社，2018.4
ISBN 978-7-5680-3903-1

Ⅰ.①东… Ⅱ.①室… ②彭… Ⅲ.①菜谱－日本 Ⅳ.①TS972.183.13

中国版本图书馆CIP数据核字(2018)第046569号

Original Title: *Tokyo: Les Recettes Culte*
© Hachette Livre (Marabout), Paris, 2014
Simplified Chinese edition published through Dakai Agency
作者：Maori Murota　摄影：Akiko Ida、Pierre Javelle
造型：Maori Murota、Sabrina Fauda-Role
插图：Playground Paris

简体中文版由Hachette Livre (Marabout)授权华中科技大学出版社有限责任公司在中华人民共和国（不包括香港、澳门和台湾）境内出版、发行。
湖北省版权局著作权合同登记　图字：17-2017-402号

东京味道：110道日式料理的家常美味

Dongjing Weidao 110 Dao Rishi Liaoli De Jiachang Meiwei

（日）室田万央里　著　彭小芬　译

出版发行：华中科技大学出版社（中国·武汉）
　　　　　电话：(027) 81321913
　　　　　武汉市东湖新技术开发区华工科技园
　　　　　邮编：430223
出版人：阮海洪

责任编辑：莽昱	特约编辑：唐丽丽	
责任监印：郑红红	责任校对：王志红	封面设计：秋鸿

制　　作：北京博逸文化传媒有限公司
印　　刷：鸿博昊天科技有限公司
开　　本：889mm×1194mm　1/16
印　　张：17
字　　数：50千字
版　　次：2018年4月第1版第1次印刷
定　　价：128.00元

IKEBUKURO
TAKADA
OBABA
OKUBO
ICHIGAYA
SHINJUKU
YOTSUYA
WAKABA
PARC
YOYOGI
HARAJUKU
SHIBUYA